U0353267

蓝色海洋

神秘的海洋

阮宣民　编写

吉林出版集团股份有限公司

图书在版编目（CIP）数据

神秘的海洋 / 阮宣民编写. -- 长春 ：吉林出版集
团股份有限公司，2013.9
（蓝色海洋）
ISBN 978-7-5534-3325-7

Ⅰ．①神… Ⅱ．①阮… Ⅲ．①海洋－青年读物②海洋
－少年读物 Ⅳ．①P7-49

中国版本图书馆CIP数据核字(2013)第227231号

神秘的海洋
SHENMI DE HAIYANG

编　　写	阮宣民	
策　　划	刘　野	
责任编辑	黄　群　付　乐	
封面设计	艺　石	
开　　本	710mm×1000mm　　　1/16	
字　　数	75千	
印　　张	9.5	
定　　价	32.00元	
版　　次	2014年3月第1版	
印　　次	2018年5月第4次印刷	
印　　刷	黄冈市新华印刷股份有限公司	

出　　版　吉林出版集团股份有限公司
发　　行　吉林出版集团股份有限公司
地　　址　长春市人民大街4646号
　　　　　邮编：130021
电　　话　总编办：0431-88029858
　　　　　发行科：0431-88029836
邮　　箱　SXWH00110@163.com
书　　号　ISBN 978-7-5534-3325-7

前　言▌

　　远观地球，海洋像一团团浓重的深蓝均匀地镶涂在地球上，成为地球上最显眼的色彩，也是地球上最美的风景。近观大海，它携一层层白浪花从远方涌来，又延伸至我们望不见的地方。海洋承载了人类太多的幻想，这些幻想也不断地激发着人类对海洋的认知和探索。

　　无数的人向着海洋奔来，不忍只带着美好的记忆离去。从海洋吹来的柔软清风，浪花拍打礁石的声响，盘旋飞翔的海鸟，使人们的脚步停驻在这片开阔的地方。他们在海边定居，尽情享受大自然的馈赠。如今，在延绵的海岸线上，矗立着数不清的大小城市。这些城市如镶嵌在海岸的明珠，装点着蓝色海洋的周边。生活在海边的人们，更在世世代代的繁衍中，产生了对海洋的敬畏和崇拜。从古至今的墨客在此也留下了他们被激发的灵感，在他们的笔下，有美人鱼的美丽传说，有饱含智慧的渔夫形象，有"洪波涌起"的磅礴气魄……这些信仰、神话、诗词、童话成为人类精神文明的重要载体之一。

　　为了能在海洋里走得更深、更远，人们不断地更新航海、潜水技术，从近海到远海，从赤道到南北两极，从海洋表面到深不可测的海底，都布满了科学家和海洋爱好者的足印。在海底之旅的探寻中，人们还发现了另一个多姿的神秘世界。那里和陆地一样，有一望无际的平原，有高耸挺拔的海山，有绵延万里的海岭，有深邃壮观的海沟。正如陆地上生活着人类一样，那里也生活着数百万种美丽的海洋生物，有可以与一辆火车头的力量相匹敌的蓝色巨鲸，有聪明灵活的海狮，有古老顽强的海龟，还有四季盛开的海菊花……它们在海里游弋，有的放出炫目的光彩，有的发出奇怪的声音。为了生存，它们运用自己的本能与智慧在海洋中上演着一幕幕生活剧。

除了对海洋的探索，人类还致力于对海洋的利用与开发。人们利用海洋创造出更多的活动空间，将太平洋西岸的物质顺利地运输到太平洋东岸。随着人类科技的发展，海洋深处各种能源与矿物也被利用起来以促进经济和社会的发展。这些物质的开发与利用也使得海洋深入到我们的日常生活中，不论是装饰品、药物、天然气，还是其他生活用品，我们总能在周围找到有关海洋的点滴。

然而，海洋在和人类的相处中，也并不完全是被动的，它也有着自己的脾气和性格。不管人们对海洋的感情如何，海洋地震、海洋火山、海啸、风暴潮等这些对人类造成极大破坏力的海洋运动仍然会时不时地发生。因此，人们在不断的经验积累和智慧运用中，正逐步走向与海洋更为和谐的关系中，而海洋中更多神秘而未知的部分，也正等待着人类去探索。

如果你是一个资深的海洋爱好者，那么这套书一定能让你对海洋有更多更深的了解。如果你还不了解海洋，那么，从拿起这套书开始，你将会慢慢爱上这个神秘而辽阔的未知世界。如果你是一个在此之前从未接触过海洋的读者，这套书一定会让你从现在开始逐步成长为一名海洋通。

引 言▮

　　中国疆域辽阔，人口众多，拥有极其复杂而丰富多彩的自然地理环境。自从5000多年前中华民族诞生以来，人们就开始开发、利用和改造着周围的环境。对于长期生活在陆地上的人们来说，海洋总是带着几分神秘的色彩和光辉，并在很多人心中是一个浪漫的憧憬……因为有海洋的存在，地球才更加的生机盎然、灵动多姿，也是因为有了海洋，地球更让人们有了一些神秘的遐想和探秘的冲动……海洋是如何形成的？海水从哪里来？海啸是怎么形成的？天体引潮力与温度和气候的变化有关吗？这每一个与海洋环境相关的内容，都是一部可以探究的书。

　　作为人类共有的蓝色家园，海洋对人类的重要作用显而易见。然而，尽管对海洋的研究、探索已经有几个世纪，但是它所蕴含的多种信息对人类来说仍然是一个未解透的谜。直到21世纪，人们仍然还在探索海洋的道路上摸索……

　　海洋环境变化无穷，一些莫名其妙的现象的出现也吸引了众人的目光。探索海洋、开发海洋是人类长久以来的梦想。人类对海洋的认识也在逐步深化，当人们弄不清海水来自何方的时候，编造出了许多神奇的传说；当人们还不知道赤潮是什么东西的时候，就幻想出了"红色幽灵"。但是在人类认识了它的本质以后，那些人为制造出来的虚幻恐惧的东西自然就消失了。

尤其是进入21世纪以来，海洋愈来愈成为世界各国关注的焦点，许多国家纷纷将海洋视为可持续发展的新空间。中国是世界海洋大国，也必将以建设海洋强国作为重要的战略选择。只有认识海洋，重视海洋，亲近海洋，人们才会有热爱、探索、开发与保护海洋的热情，这本书就是基于这个目的编写的。

本书以海洋知识教育为主线，以海洋环境为中心，全面系统地介绍海洋概况，重点描述了海洋地形、海水与洋流、波浪的运动特征和规律以及它们对海洋工程结构的作用影响，介绍了海洋岛屿、海洋的气候、海洋的运动，冰川和冰山、海底大峡谷、潮汐等。本书以简练的文字向人们展示了海洋环境的各个方面。本书内容注重基础性、知识性、实用性，清晰易懂，易于理解，通俗易懂地向人们描绘了一幅美丽的海洋环境畅想图。读罢掩卷，犹如在海洋世界中痛快淋漓地畅游了一番。相信读完这本书，你对整个海洋也会有更深一步的了解。

透过这本书，你将在作者通俗易懂的表述中，悄然揭开海洋神秘的面纱，了解到海洋中蕴含着的大量有待发掘的奥秘，从而激发自己去认识和探索海洋的激情。这是一本可读性和参考性比较强的日常用书，它不仅能满足一般读者学习海洋地理知识的需要，也可作为海洋专业人员或沿海地区相关部门的参考用书。

海洋地形

　　海洋地形即海水覆盖之下的固体地球表面形态。海洋地形多种多样，有高耸的海山、起伏的海丘、绵长的海岭、深邃的海沟以及坦荡的深海平原。海底地形与陆地地形一样，是内营力和外营力作用的结果。不过，海底地形通常是内力作用的直接产物，与海底扩张、板块构造活动息息相关。

海和洋的区分

海洋广阔浩渺，变化多端，有时波涛汹涌，有时波平如镜，时而蔚蓝，时而碧绿，雄浑而苍茫，美丽而壮观。海洋是人们十分熟悉的一个称谓，也是人们对地球表面广阔连续水域的一个总称。但很多人所不知道的是，海和洋其实并不是一回事，它们是不相同的。那么，它们之间的不同点是什么，又有什么关系呢?

地球表面被陆地分隔为彼此相通的广大水域称为海洋，它是地表最庞大的自然地理单元，其总面积约为3.6亿平方千米，约占地球表面积的71%。全球海洋的容积约为13.7亿立方千米。因为海洋面积远远大于陆地面积，故有人将地球称为"水球"。

洋是海洋的中心主体部分，相应的边缘附属部分则称为海。海与洋是彼此相通的，它们共同组成了一个统一的海洋整体。世界大洋的总面积约占海洋面积的89%，海的面积约占海洋面积的11%。海的水深比较浅，平均深度从几米到两三千米。

从洋流潮汐看，海受潮汐的影响显著，较少受洋流的影响;洋则不受潮汐的影响，但受洋流的影响。洋一般远离大陆，并被半岛、岛屿、群岛同海划开，水域面积非常广阔，水深度一般不少于2 000米。例如亚洲东部，以日本群岛、琉球群岛、台湾岛和菲律宾群岛一线把洋和海划开，此线以东为大洋，以西为

▲海上日出

海。洋的水性质如水温、盐度不受大陆影响，呈现一种相对稳定的状态。1 000克洋水中含有各种溶解盐类的克数为盐度。大洋盐度高，一般稳定在35克左右，年变化不大。每个大洋都有自己独特的洋流和潮汐系统，不受大陆的干扰。洋的水是蔚蓝色，透明度很大，且水中的杂质不多，有独立的运动系统。地球上共有4个大洋，即太平洋、印度洋、大西洋、北冰洋。洋底地形以海盆、岭脊为主。这些都是大洋的特征。

海与陆地接连，内侧是大陆，外侧是大洋，中间以群岛、岛屿为界，水深度在2 000米之内，面积比大洋小得多。根据与大陆位置的关系，海有地中海、内海和沿海之分。地中海，顾名思义，是介于两个或两个以上大

陆之间的海，如欧、亚、非之间的地中海、亚洲与非洲之间的红海等。内海则指位于某一大陆之内的海，如中国的渤海。沿海则分布于大陆的边缘，一部分以大陆为界，另一部分以岛屿、半岛、群岛与大洋分开，如日本海、东海、南海等。

海水的温度、盐度、颜色和透明度受大陆、河流、气候和季节的影响较大，有明显的变化。夏季海水变暖，冬季水温降低，有的海域，海水甚至会结冰。在大河入海的地方或多雨的季节，海水会变淡，盐度普遍比较低。海水的透明度较差，海水运动受大陆干扰没有独立系统，随季节变化大。

但是上述洋和海的划分是一般划法，也有一些特殊情况，如美洲西海岸的广阔水域，洋和海之间并没有岛屿和群岛分布，因此没有可以区分的明显界线。遇到这种特殊情况时，就只有根据海底地形来划分了，陆架和陆坡所占据的水域为海，海以外的水域为洋。

海洋跟宇宙万物一样，也有一个形成、发展和消亡的过程。那么，海洋最初是怎么形成的呢？早在20世纪初，人们曾认为地球和其他行星是由太阳所抛出的物质生成的。当时人们普遍的想法是，地球是逐渐冷却的，先是白热，然后是红热，再到一般的温度，最后降到水的沸点。当它冷却到一定程度时，炽热的大气层中的水分就开始凝结起来，于是便形成了雨。这个过程不断循环往复，日复一日，月复一月，年复一年。瓢泼大雨降到滚烫的地面上，嘶嘶响着，向四处迸溅，这种令人难以置信的雨下了很多年，直到这个星球的高低不平的地面终于冷却得可以容纳这些雨水了，这时便出现了海洋。这种说法现在看来戏剧性

▲海中礁石

十足，并且从科学角度讲几乎完全是错误的。

直到今天，科学界对此的看法还是没有一个统一的意见。随着科学研究的深入，多数科学家认为，大约距今50亿年前，一些大大小小的星云团块从太阳星云中分离出来。它们在绕太阳旋转的同时，还在自转。在这个运动过程中，星云团块互相发生碰撞，有些团块彼此结合，由小变大，成为原始的地球。星云团块在碰撞的过程中，由于引力的作用急剧收缩，加之内部放射性元素蜕变，使原始地球不断受到加热而增温；当内部温度达到一定高度的时候，地球内的物质如铁、镍等开始熔解。在重力作用下，重者下沉并趋向地心集中，形成地核；轻者上浮，形成地壳和地幔。在高温作用下，构成地球的岩石物质和水分（还有气体）与岩石松散地结合在一起。在地球重力的作用下，这些岩石越来越紧密地重叠在一起，随着温

▲巨大的游轮

度越来越高，水蒸气和气体就从岩石中嘶嘶地被赶了出来，内部的水分与气体一起冲出来，飞升入空中。但是由于地心的引力，它们不会跑掉，而是在地球周围形成一个气水合一的圈层。这些气泡不断生成、汇集，使新生的地球发生大量的地震。逃逸的热量造成猛烈的火山喷发。在很长的时间里，水不是从天而降的，相反地，是从地壳里呼啸而出的，然后才冷凝下来。因此，海洋不是来自地表上方，而是从地表内部生成的。

在冷却凝结的过程中，位于地表的一层地壳不断地受到地球内部剧烈运动的冲击和挤压，因而变得褶皱不平，有时还会被挤破，形成地震与火山爆发，喷出岩浆与热气。开始时这种情况发生频繁，后来渐渐变少，慢慢稳定下来。随后，这种轻重物质不断分化，并产生了大动荡和大改组。这个过程大概在45亿年前完成。地壳经过冷却定型之后，地球就犹如一个久放而风干了的苹果，表面褶皱密布，凹凸不平，高山、平原、河床、海盆，各种地形一应俱全。

原始的海洋，海水并不咸，而是带酸性，并且是缺氧的。水分的不断蒸发，反复地形云致雨。重落回地面的水，把陆地和海底岩石中的盐分溶解，不断地汇集到海水里。经过亿万年的积累融合，才变成了大体均匀的咸水。同时，由于当时的大气中没有氧气，也没有臭氧层，紫外线可以直达地面，在海水的保护下，生物首先在海洋里诞生。大约在38亿年前，海洋里就产生了有机物，有了低等的单细胞生物。在6亿年前的古生代，出现了海藻类，它们在阳光下进行光合作用，产生了氧气，这些氧气通过不断积累形成了臭氧层。直到这时，生物才开始在陆地产生。

总之，随着水量和盐分的逐渐增加以及地质历史上的沧桑巨变，原始海洋才逐渐演变成今天的海洋。

地球上的海陆分布

人类从诞生开始，便不断地在发现和探索自己生活的环境，渴望能够认识自己家园的全貌。尤其是面对着茫茫大海，听着那滚滚涛声，人们不禁感叹海洋的辽阔。这时候，人们的脑中会自然而然地产生一个疑问：地球上的陆地和海洋究竟是如何分布的呢？

前苏联宇航员加加林是人类第一个乘宇宙飞船进入太空的人，他说我们给地球起错了名字，它应该叫作"水球"。因为从太空中看到的地球是一个蔚蓝色的十分美丽的星球，它的表面大部分被海水覆盖着。地球表面总面积约5.1亿平方千米，其中陆地面积1.49亿平方千米，海洋面积3.61亿平方千米，海洋占大部分。概括来说，即七分海洋，三分陆地。这可以从下表很直观地看出来。

类别	面积 （亿平方千米）	占地球表面总面积 （％）
地球表面	5.1	100
陆地表面	1.49	29
海洋表面	3.61	71

海洋把地表的陆地分隔成大小不等的许多块，通常人们把海洋所包围的大面积陆地叫作大陆，小块陆地叫作岛屿，大陆及其附近的岛屿合称为洲。这样，地表的陆地共分6大块：亚欧大陆、非洲大陆、北美大陆、南美大陆、南极大陆和澳大利亚大陆。

地表的海洋是相互沟通的，形成了统一的世界大

▲岛屿与岩礁

洋。世界海洋可以根据海陆分布形势分为四部分：太平洋、大西洋、印度洋和北冰洋。其间没有什么天然的界线，通常以水下的海岭或某条经线为界线。一般来说，陆地主要集中于北半球。在北半球，陆地占总面积的五分之二，并在中、高纬度地带几乎连成一片。在南半球，陆地面积占五分之一，而且南纬56°～65°地带几乎全是海洋。但是，北半球的极地是一片海洋，南半球的极地却是一块大陆。

除南极大陆外，所有大陆都南北成对分布：北美大陆和南美大陆、欧洲大陆和非洲大陆、亚洲大陆和澳大利亚大陆，每对大陆相接处都是地壳破裂地带，并有较深的"陆间海"，其间岛屿众多，火山地震活动频繁。大陆的轮廓大部分都是北宽南窄，呈倒置三角形。亚欧大陆、非洲大陆、南美大陆和北美大陆都有这个典型的特点，澳大利亚大陆也具有北部较宽的特点，只有南极大陆例外。弧形列岛和较大的岛屿多位于大陆东岸。亚欧大陆、北美大陆和澳大利亚大陆东岸都有一连串向东突出的岛弧，岛弧外侧为一系列深海沟。大陆西岸的岛屿则不呈弧形排列，较大的岛屿也少，唯一例外的是不列颠群岛。大西洋东西两岸的轮廓非常相似，海岸线彼此几乎吻合，仿佛是由一块大陆分离开来似的。

海岸线

中国的海岸线相当漫长，仅大陆海岸线就有18 000多千米，同时，在大陆周围还有6 000多个岛屿环列，岛屿岸线长14 000多千米，它们绵延在渤海、黄海、东海、南海的辽阔水域，并与世界第一大洋——太平洋紧紧相连。这成为我们的祖先进行海上活动，发展海上交通的一个得天独厚的条件。

海洋和陆地是地球表面的两个基本单元，海岸线是陆地与海洋的分界线，一般指海潮时高潮所到达的界线。地质历史时期的海岸线，称古海岸线。海岸线分为岛屿岸线和大陆岸线两种，在这里需要注意的是，海岸线其实不是一条线。海洋与陆地的变化过程十分复杂。假定陆地是固定不变的，那么海洋只有潮汐变化。海水昼夜不停地反复地涨落，海平面与陆地交接线也在不停地升降改变。假定每时每刻海水与陆地的交接线都能留下鲜明的颜色，那么一昼夜间的海岸线痕迹是一个沿海岸延伸的条带，并具有一定的宽度。为满足测绘、统计实用上的方便性，地图上的海岸线是人为规定的。一般地图上的海岸线是现代平均高潮线。麦克特航海用图上的海岸线是理论最低低潮线，比实际上的最低低潮线还略微低一些。这样规定，是以航海安全的需要为着眼点出发的。因为海图上的水深以这样的理论最低低潮为基准，就能保证在任何时间内，实际上的水深都比图上标示的水深更深。舰船按此海图航行便不会有搁浅的危险。

　　海岸线形态各异，有的看上去弯弯曲曲，有的却像一条直线。而且，这些海岸线并不是一成不变的，它们还在不断地发生着变化。以我国的天津市为例，现在的天津市在公元前还是一片大海，那时海岸线在河北省的沧县和天津西侧一带的连线上，经过2 000多年的演化，海岸线向海洋推进了几十千米。当然，有时海岸线也会向陆地推进。仍以天津为例，在地质年代第四纪中，也就是距今100万年左右，这里曾发生过两次海水入侵，当两次海水退出时，最远的海岸线曾到达渤海湾中的庙岛群岛。但经过100万年的演化，现在的海岸线向陆地推进了数百千米。

　　使海岸线发生如此巨大变化的首要因素是地壳的运动。由于受地壳下降活动的影响，海水发生了侵入或后退的现象，这便造成了海岸线的巨

▲海岸

11

大变化。这种变化直到今天也没有停止。有人测算过，比较稳定的山东海岸，每年纯粹由于地壳运动造成的垂直上升约1.8毫米，如果再过1万年，海岸地壳就可上升18米。到那时，海岸线又会发生很大的变化。

其次，除了地壳活动，海岸线的变化受冰川的影响也较大。在地球的北极和南极地区，陆地和高山上覆盖着数量巨大的冰川，如果气温上升，这些冰川都将融成冰水流入大海，那么海平面就会升高十几米，海岸线就会大大地向陆地推进；相反，如果气温相对下降，则冰川又扩展加厚，海平面就会渐趋降低，海岸线就会向海洋推进。

再次，海岸线的变化还受到入海河流中泥沙的影响。当河流将大量泥沙带入海洋时，泥沙在海岸附近堆积起来，经过常年的沉积便成为陆地，这时海岸线就会向海洋推移。如目前世界上含沙量最多的一条大河——我国的黄河，平均每立方米的河水含沙量约为37千克，它每年倾入大海的泥沙多达16亿吨。泥沙在入海处大量沉积，使黄河河口每年平均向大海伸长2～3千米，即每年新增加约50平方千米的新淤陆地。

纵横海底的大峡谷

海底峡谷亦称"水下峡谷"，最早是由地理学家们在19世纪末提出来的。由于人们掌握的资料不多，海底峡谷这个词常被不很严格地用来表示海底各种各样的山谷和狭长的洼地。近几十年，海洋地质学家们根据海底峡谷的物理特征，不断探讨它的形成原因。

海底的谷地同陆地上的谷地都是多成因的，因此不能把各种不同成因的海谷都称为海底峡谷。海底峡谷的横剖面呈"V"字形，谷壁陡峻且带有阶梯状陡坎，谷底有小盆地及高差几十米的横脊，大多数峡谷蜿蜒带有分支，谷壁上有大量岩石露头，少数为直线形轮廓，大多数峡谷都切割在花岗岩层或玄武岩层中。少数峡谷可上溯到大陆架与河流相连接，具有河

▲浪涛拍岸

▲领海基点石碑

谷的形态。构造因素与海底浊流的侵蚀作用在其形成中起主要作用。大陆坡是地壳的活动地带，在形成大陆坡过程中有一系列阶梯状断裂及垂直大陆坡走向的纵向断裂构成海底峡谷的雏形，而后有浊流及海底滑坡的修饰改造。

海底峡谷的头部多延伸至陆坡上部或陆架上，有的甚至直逼海岸线，峡谷头部的平均水深约100米。多数峡谷可延伸至大陆坡麓部。其末端水深多在2 000米左右，深者可达3 000～4 000米。峡谷口外通常是缓斜的海底扇，在海底扇区，峡谷被带有天然堤的扇谷所取代。海底峡谷的水深自头部向海变深。其纵剖面大多呈上凹形或出现数个转折裂点，也有呈上凸形或比较平直者。世界上著名的哈得孙峡谷，它从哈得孙河口开始一直延伸进入大西洋。世界上最长的海底峡谷为白令峡谷，长400多千米。海底峡谷两壁高陡，一般坡度约40°，有的谷壁状若悬崖。切割最深的海底峡谷——巴哈马峡谷，其谷壁高差达4 400米，是陆地上的大峡谷难以相比的。海底峡谷谷壁有许多不同时代的基岩露头，谷底沉积物有泥、粉沙、沙以及砾石等。来自浅水的具递变层理的沙和粉沙层常与深海的泥质沉积物交错出现，有时也有滑塌沉积物穿插其间。

几乎所有的大陆坡基本上都有海底峡谷分布。但在倾角小于1°的平缓陆坡，以及有大陆边缘地、海台或堡礁与陆架隔开的陆坡上，海底峡谷比较罕见。有些海底峡谷与陆上河谷（或古河谷）相邻接，但也有不少海底峡谷与陆上河谷并没有任何联系。

关于海底峡谷的成因，主要的说法有两种：一是河谷被淹没于海下。由于某些海底峡谷形状类似陆上河蚀峡谷，故一些学者认为海底峡谷是河流切割而成的。河流注入海洋后，较轻的河水会浮于海水之上，因此海底峡谷不可能是现代河流刻蚀出来的，但地质时期河流切割形成的陆上峡谷，随着地壳下沉或海面上升，便会被淹没于海下成为海底峡谷。如地中海地区科西嘉岛的海底峡谷，它与相邻陆上河谷的坡度连续一致，这种峡谷便被认为是受淹的河谷。但有些海底峡谷处于海面以下一两千米甚至更深的地方，而海平面抬升的幅度不可能达到这样大，而且在构造上升地区又广泛分布着海底峡谷，故河谷被淹没在海下这种形成方式不能作为海底峡谷的普遍成因。有一些与陆上河谷相延续的海底峡谷，二者相接处的坡度突然发生转折，海底峡谷的坡度比邻接的陆上河谷的坡度陡得多，可见它们也不是被淹没的河谷下段。二是浊流侵蚀作用，这是大多数海底峡谷的成因。1936年，R.A.戴利首先提出，海底峡谷是浊流侵蚀作用的结果。尽管多年来人们并未在峡谷中直接检测到高速的浊流，但有大量的间接证据可以证明R.A.戴利的假设。如：峡谷顶部陡峭乃至倒悬的谷壁，谷底的波痕和流痕，不时向下游移动的沙砾，具粒级递变层理的谷底沉积岩心，峡谷口外发育巨大的海底扇，谷底及海底扇中有沙、浅水生物和陆上植物的碎屑等均表明峡谷中必定有较强的流体通过。特别是1929年纽芬兰大滩地震后，向着陡坡下方的海底电缆依次折断，证明有强大浊流存在。人们推断在第四纪低海面时，由于河流携带着大量沉积物在大陆坡顶部附近入海，浊流作用特别强烈，故有许多海底峡谷主要在此时发育。

海峡与海

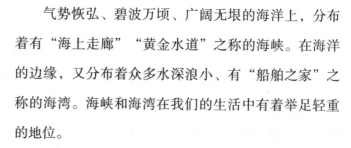

气势恢弘、碧波万顷、广阔无垠的海洋上，分布着有"海上走廊""黄金水道"之称的海峡。在海洋的边缘，又分布着众多水深浪小、有"船舶之家"之称的海湾。海峡和海湾在我们的生活中有着举足轻重的地位。

海湾是指三面环陆的海洋，另一面为海，有"U"字形及圆弧形等，通常以湾口附近两个对应海角的连线作为海湾最外部的分界线。与海湾相对的是三面环海的海岬。海湾所占的面积一般比岬湾大。清代唐孙

▲码头

华的《文信国祠》有这样一句诗："犀甲逃荒谷，龙舆落海湾。"海湾形成的原因是由于伸向海洋的海岸带岩性软硬程度不同，软的岩层不断遭受侵蚀而向陆地凹进，逐渐形成了海湾；坚硬部分向海突出形成岬角。当沿岸泥沙纵向运动的沉积物形成沙嘴时，使海岸带一侧被遮挡而呈凹形海域。当海面上升时，海水进入陆地，岸线变曲折，凹进的部分即形成海湾。海湾由于两侧岸线的遮挡，在湾内形成波影区，使波浪、潮汐的能量降低。沉积物在湾顶沉积形成海滩。当运移沉积物的能量不足时，可在湾口、湾中形成拦湾坝，分别称为湾口坝、湾中坝。

在我国漫长的海岸线上，分布着众多大小不一、形状各异的海湾。大部分海湾位于山地丘陵区沿岸，包括辽东半岛和山东半岛，以及浙江、福建、广东、广西和台湾西岸。如著名的渤海三湾：辽东湾、渤海湾和莱州湾。还有辽东半岛南端的大连湾，山东半岛南边的胶州湾和崂山湾，江苏的海州湾。而浙江杭州湾以南的华南海岸，更是海岸密布，湾湾连绵不断。广东的大鹏湾、大亚湾、红海湾和碣石湾等也是如此。众多的海湾，对于建港，发展海运业、旅游业和养殖业都是颇有益处的。

在两块陆地之间连接两个海或洋的较狭窄的水道被称为海峡。它们往往是大陆与大陆、大陆与岛屿、岛屿与岛屿之间的狭窄水道，是由海水通过地峡的裂缝经长期侵蚀，或海水淹没下沉的陆地低凹处而形成的。海峡一般水较深，水流较急且多涡流。海峡内的海水温度、盐度、水色、透明度等水文要素的垂直和水平方向的变化较大。海峡底部多为坚硬的岩石或沙砾，细小的沉积物较少。据统计，全世界一共有1 000多个海峡，其中有130多个海峡适宜于航行。在我国沿海，主要海峡有渤海海峡、台湾海峡和琼州海峡。

　　渤海海峡长105千米，位于辽东半岛南端老铁山西南角至山东十岛蓬莱登州头之间，连通渤海和黄海，在海峡中、南部散布着庙岛群岛。庙岛群岛将渤海海峡分隔成8条主要水道。水道最深的是北部的老铁山，深70多米，水流湍急；南部的庙岛水道较浅，水深18～23米，水流较缓。

　　台湾海峡是纵贯我国南北海运的要冲，位于我国台湾与福建之间。台湾海峡的北界是福建海坛岛与台湾的富贵角之间的连线，南界为台湾南端的猫鼻头至福建省的东山岛的连线。海峡南北长约333千米，东西平均宽约230千米，最窄处130千米。海峡中的台中浅滩、澎湖列岛和台湾浅滩将海峡分为两个部分，西北部较平坦，水深约50米，而东南坡度较大，水深70～160米。海峡西岸是山地丘陵海岸，岸线曲折，多天然良港；东岸多沙岸，海岸线平直，地势低缓，沙滩广阔，天然良港较少。

　　琼州海峡位于雷州半岛和海南岛之间，连接北部湾与南海北部，海峡长约90千米，宽20～40千米，平均水深约44米，最大水深114米。海峡海底地形从两岸向中间逐渐变深，中央是水深80～100米的深水槽。海峡东西两口水深变浅，西出口过渡到平坦的北部湾海底，水深约20米，东门越过一片浅滩过渡到约20米水深的南海北部大陆架。海峡中海流较强，大多数时间由东向西流，只有夏季西南风盛行时，才由西向东流。

　　海峡有着特别重要的地理位置，它不仅是交通要道、航运枢纽，而且历来是兵家必争之地。因此，人们常把它称之为"海上走廊""黄金水道"。

大陆架是由地壳运动或海浪冲刷而形成的。地壳的升降运动使陆地下沉，淹没在水下，形成大陆架；海水冲击海岸，产生海蚀平台，淹没在水下，也能形成大陆架。大陆架大多分布在太平洋西岸、大西洋北部两岸、北冰洋边缘等。如果把大陆架海域的水全部抽光，使大陆架完全成为陆地，那么大陆架的面貌与大陆基本上是一样的。

大陆架的范围自海岸线（一般取低潮线）起，向海洋方面延伸，直到海底坡度显著增加的大陆坡折处为止。陆架坡折处的水深在20～550米间，平均深度为130米，也有把200米等深线作为大陆架下限的。大陆架平均坡度为0～0.7米，宽度不等，在数千米至1 500

大陆架和波浪

▲波浪

千米间。全球大陆架总面积为2 710万平方千米，占了海洋总面积的7.5%。一般来说，大陆架地形较为平坦，不过也分布着小的丘陵、盆地和沟谷；上面除局部基岩裸露外，大部分地区被泥沙等沉积物所覆盖。在大陆架上还有流入大海的江河冲积形成的三角洲。

在大陆架的海域中随处可见陆地的痕迹。泥炭层说明大陆架上曾经有茂盛的植物。泥炭层中含有泥沙，还有尚未完全腐烂的植物枝叶，有机物质含量极高。黑色或灰黑色泥炭可以作为燃料而熊熊燃烧。在大陆架上还能经常发现贝壳层，许多贝壳被压碎后堆积在一起，形成厚度不均的沉积层。大陆架上的沉积物几乎都是由陆地上的江河带来的泥沙，而海洋的成分很少。除了泥沙外，永不停息的江河就像传送带，把陆地上的有机物质源源不断地带到大陆架上。大陆架并不是永远不变的，它随着地球地质演变，不断产生缓慢而永不停息的变化。

大陆架富含矿藏和海洋资源，已发现的有石油、煤、天然气、铜、铁等20多种矿产，其中已探明的石油储量是整个地球石油储量的三分之一。在大陆架海域，随着波浪、潮汐、海流等海水运动，或者是由于上下水温不同而形成的海水垂直运动造成水体混合，下边的营养盐类被翻到上层供浮游生物食用。因此，大陆架海域营养丰富，浮游生物多，是海洋植物和海洋动物生长发育的

▲南天一柱

良好场所。世界海洋渔业产量的80％以上是在仅占海洋面积8％的大陆架水域捕获的。同时，大陆架海区还有海底森林和多种藻类植物，有的可以加工成多种食品，有的是良好的医药和工业原料。

正因为大陆架资源丰富，国际上十分重视对大陆架的划分和主权的拥有，这也是一个存在激烈争议的问题。为此，《联合国海洋法公约》中规定，沿海国的大陆架包括陆地领土的全部自然延伸，其范围扩展到大陆边缘的海底区域，如果从测算领海宽度的基线（领海基线）起，自然的大陆架宽度不足200海里，通常可扩展到200海里；如果自然的大陆架宽度超过200海里而不足350海里，则自然的大陆架与法律上的大陆架重合；如果自然的大陆架超过350海里，则法律的大陆架最多扩展到350海里。大陆架上的自然资源主权，归属沿海国所有，但在相邻和相对沿海国间，存有具体划界问题。

了解了大陆架，我们再来看看波浪。

海水在海风的作用和气压变化等的影响下，会被迫离开原来的平衡位置，而发生向上、向下、向前和向后方向运动，这就形成了海上的波浪。波浪是一种有规律的周期性的起伏运动。

当波浪涌上岸边时，由于海水深度越来越浅，下层水的上下运动受到了阻碍。受物体惯性的作用，海水的波浪一浪叠一浪，越涌越多，一浪高过一浪。与此同时，随着水深的变浅，下层水的运动所受阻力越来越大，以至于到最后，下层水的运动速度慢于上层水的运动速度，受惯性作用，波浪最高处向前倾倒，摔到海滩上，成为飞溅的浪花。

暴风浪具有特别的重要性。暴风浪是吹程相当大的特殊大风的产物，它们在一天内对海岸线的作用可能比普通盛行波浪在数周相对平静的天气里的作用明显。这些暴风浪大多数都会造成破坏性的后果。由于它们频繁出现，一浪接着一浪，频率为1分钟12～14次，由于当波浪破碎时，水几乎垂直地冲击下来，因而回流浪比上爬浪强有力得多。因此，这些破坏性波浪会"梳"下海滩，并将物质向海移动。每分钟起伏6～8次的较和缓的波浪，其上爬浪的前冲力较强，由于摩擦阻碍作用，回流力量较弱，因此，它们可将粗砾搬上海滩。

　　冬季的大西洋波浪对爱尔兰西岸的平均压力差不多为每平方米11 000千克，而在大风暴期间，压力是这个值的3倍。暴风浪对海岸线的作用在高潮时极为显著，因为它们的力量作用于较高的海滩或悬崖面上。

　　当波浪接近滨岸并且水变浅时，其速度便减小。如果海岸由交替的岬湾构成，那么，水在岬角前变浅要比在海湾深水处快。因此，波浪从海湾处向岬角侧部弯曲或折射，并在这里加强侵蚀过程。如果波浪以斜交的方向推进，那么折射也可能在平直海岸上发生，结果它们最终将在几乎与海岸平行的方向上破碎。

由于海水的掩盖，很难直接观察到海底地貌，这使得人们长期不明其真相。20世纪20年代，德国"流星"号首次运用声呐测深法揭示了海底地形的起伏，发现它不亚于陆地。通过以后数十年的观察工作，专家们发现海底地貌远比陆地地貌壮观，那里有深邃的海沟、高耸的海山、起伏的海丘、绵长的海岭，也有坦荡的深海平原。

纵贯大洋中部的大洋中脊，绵延8万千米，宽数百至数千千米，总面积相当于全球陆地的大小。大洋的最深点在海下11 033米，位于太平洋马里亚纳海沟，比陆上最高峰珠穆朗玛峰的海拔高度（8 844.43米）还要高。深海平原坡度小于千分之一，其平坦程度超过大陆平原。整个海底由大陆边缘、大洋盆地和大洋中脊三大基本地貌单元以及若干次一级的海底地貌单元构成。

大陆与洋底两大台阶面之间的过渡地带被称为"大陆边缘"，约占海洋总面积的22%。通常分为大西洋型大陆边缘（又称"被动大陆边缘"）和太平洋型大陆边缘（又称"活动大陆边缘"）。前者由大陆架、大陆坡、大陆隆3个单元构成，地形宽缓，见于大洋、印度洋、北冰洋和南大洋周缘地带。后者陆架狭窄，陆坡陡峭，大陆隆不发育，而被海沟取代，可分为两类：海沟—岛弧—边缘盆地系列和海沟直逼陆

海底地貌

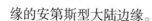
▲辽阔的海洋

缘的安第斯型大陆边缘。

　　处于大洋中脊与大陆边缘之间的是大洋盆地，它占海洋总面积的45%，一侧与中脊平缓的坡麓相接，另一侧与大陆隆或海沟相邻。大洋盆地被海岭等正向地形分割成若干外形略呈等轴状，水深在4 000~5 000米的海底洼地，这些洼地被称为"海盆"。宽度较大、两坡较缓的长条状海底洼地叫海槽。深海平原、深海丘陵等地形就是从海盆底部发育来的。长条状的海底高地称"海岭"或"海脊"，宽缓的海底高地称"海隆"，顶部平台平坦宽阔、四周边坡较陡的海底高地称"海台"。

　　大洋中脊占海洋总面积的33%，分脊顶区和脊翼区。脊顶区由多列近于平行的岭脊和谷地相间组成。脊顶为新生洋壳，上覆沉积物极薄或缺失，地形十分崎岖。脊翼区随洋壳年龄增大和沉积层加厚，岭脊和谷地间的高差逐渐减小，有的谷地可被沉积物充填成台阶状，远离脊顶的翼部可出现较平滑的地形。

　　海底地貌与陆地地貌一样，是内营力和外营力作用的结果。海底大地形通常是内力作用的直接产物，与海底扩张、板块构造活动息息相关。大洋中脊轴部是海底扩张中心。深洋底缺乏陆上那种挤压性的褶皱山系，海岭与海山的形成多与火山、断块作用有关。外营力在塑造海底地貌中也起一定作用。较强盛的沉积作用可改造原先崎岖的火山、构造地形，形成深海平原。海底峡谷则是浊流侵蚀作用最壮观的表现，但除大陆边缘地区外，在塑造洋底地形过程中，侵蚀作用远不如陆上重要。波浪、潮汐和海流对海岸和浅海区地形有深刻的影响。

海底的山川溪谷

在重力的作用下，经常或间歇地沿着海底沟槽呈线性流动的水流即是海底河流。

海底河流跟陆地河流一样，能够冲出深海平原。只是深海平原就犹如海洋世界中的沙漠，是非常荒芜的，这些"地下河渠"能够将生命所需的营养成分带到这些"沙漠"中来。因此，这些海底河流有着重要的作用，它们是为深海生命提供营养的动脉要道。

2010年7月底，英国科学家在黑海下发现一条巨大的海底河流，它深达38米，宽达800多米。按照水流量标准计算，这条海底河流堪称世界上第六大河。像陆地河流一样，海底河流也有纵横交错的河渠、支流、冲积平原、急流，甚至瀑布。

2010年7月底，英国利兹大学研究团队使用遥控潜艇对土耳其附近的海床进行扫描，发现了黑海的海底河流。这条海底河流的流速为每小时6.4千米，河水流量每秒钟高达2.2万立方米。这条海底河流比欧洲最大河流莱茵河大10倍，其流量是泰晤士河的350倍。这是截至目前，发现的唯一一条活跃的海底河流。其河水来自地中海，经过博斯普鲁斯海峡，最后进入黑海。

大洋底部存在世界上最长的山系，直到19世纪后期人类才发现这个事实。1866年，有专家在铺设横越大西洋的海底电缆时，发现大西洋底的中部水浅而两侧水深。原来，第一次世界大战后，德国人为了偿还

▲涌潮

债务，梦想从海水中采金，于是建造了一艘"流星"号考察船远赴大西洋考察作业。结果黄金没有找到，却收集了一大批珍贵的海洋资料。他们用超声波装置对大西洋底进行探测，结果显示，大西洋底有一条从北到南的海底山脉。山脉的高点露出海面形成了亚速尔群岛和阿松森群岛。

1956年，美国学者尤因和希曾首先提出，全球大洋洋底纵贯着一条连续不断的全长达6.4万千米的中央山系，又叫作"大洋中脊"。中央山系比大洋盆地高1 000～2 000米。中央山系的宽度为1 000～2 000千米，最宽处可达5 000千米。大洋山系的总面积约占海洋总面积的30%。其中，大西洋山系北起北冰洋，向南呈"S"形延伸，在南面绕过非洲南端的好望角与印度洋山系的西南支相连。印度洋山系的东南支向东延伸与东太平洋山系相连，其北支伸入亚丁湾、红海与东非内陆裂谷相连。东太平洋山系北端进入加利福尼亚湾。大西洋山系向北延伸到北冰洋，最后潜入西伯利亚。洋底山系全长可以绕地球一圈半。

经过精细地勘测，人们发现大洋中脊上有一条1～2千米宽的裂谷。为了揭开海底的地质演变奥秘，人们曾经多次下潜到大洋中脊的裂谷中进行实地勘测。在1972年到1974年期间，法国和美国的科学家在地质学家勒皮雄的领导下，使用深潜器观测到了大洋中脊的裂谷。

海水

　　海水是海洋的重要组成部分，它的运动形式也是多种多样的。海水沿一定途径的大规模流动形成洋流，又称"海流"。洋流对海洋中多种物理过程、化学过程、生物过程和地质过程，以及海洋上空的气候和天气的形成及变化，都有影响和制约作用。洋流还曾经协助过许多航海者，例如著名的哥伦布的船队，就是随着大西洋的北赤道暖流西行才发现了新大陆；麦哲伦环球航行时，穿过麦哲伦海峡后，也是沿着秘鲁寒流北上，再随着太平洋的南赤道暖流西行，横渡了辽阔的太平洋。现在，洋流对我们解决生活的许多问题也有帮助，如对渔业、航运、排污和军事等都有重要意义。不过，洋流也会给我们带来一些麻烦，比如厄尔尼诺和拉尼娜现象。

海水从哪里来

面对茫茫海洋，人们总会产生一些遐想，因此许多关于海洋的神话便流传开来。《圣经故事》中记载，太古的时候，上帝创造天地。地上全是水，无边无际，水面上空虚混沌，暗淡无光。上帝见了，说："要有光！"于是光立刻出现了。上帝把光明称为白天。第二天上帝又造了苍穹，称其为天，天将水分开，有天上的水，有天下的水。第三天上帝又说："水要汇聚成海，使陆地露出来。"于是有了陆地和海洋。这样的神话毕竟是人们虚构的故事，那么海洋中的水究竟是从哪里来的呢？

地球上绝大部分的水都储存在海洋里。因此，"海水最初是从哪里来的"这个问题的答案，实际上也是"地球上的水是从哪里来的"这个问题的答案。

▲海边的礁石

可是，到了今天，科学界对此问题的看法仍有分歧。有一种说法是：水是地球固有的。这种说法认为水以结构水、结晶水等形式贮存于矿物和岩石之中。之后，随着地球的不断演化，它们便逐渐从矿物、岩石中释放出来，成为海水的来源。比如，在火山活动中总是有大量的水蒸气随着岩浆喷溢而出。于是有人便据此认为，这些水蒸气是从地球深部释放出来的"初生水"。然而，当人们对这种所谓的火山"初生水"进行深入研究后，却意外地发现：它们实际上只不过是渗入地下然后又重新循环到地表的地面水。近代兴起的天体地质研究表明，在地球的近邻中，无论是距太阳较近的金星、水星，还是距太阳更远一些的火星，都是贫水的，唯有地球得天独厚，拥有如此巨量的水，这实在是一件令人感到奇怪的事。

还有一些科学家认为，水来源于太空和地球内部。水从太空来到地球有两个途径：一是落在地球上的陨石，二是来自太阳的质子形成的水分子。然而，美国爱荷华大学的科学家最近提出一个更加大胆的新理论：地球上的水来自太空由冰组成的彗星。

科学家发现，地球表面的水会向太空流失。这是因为大气中水蒸气分子在太阳紫外线的作用下，会分解成氢原子和氧原子。当氢原子到达80～100千米气体稀薄的高热层中，氢原子的运动速度则超过了宇宙速度，于是脱离大气层而进入太空消失掉。科学家推算，飞离地球表面的水量与进入地球表面的水量大致相等。可是，地质科学家发现，两万年来，世界海洋的水位涨高了大约100米。于是，地球表面水量不断增多就成了一个难解之谜。直到最近，从人造卫星发回的数千张高清晰度的地球大气紫外辐射图像中，美国爱荷华大学研究小组的科学家在圆盘形状的地球图像上总能发现一些小黑斑。每个小黑斑存在2～3分钟，面积约有2 000平

▲海上日出

方千米。科学家认为，这些小黑斑是冰彗星造成的。而且初步判断，冰彗星的直径多在20千米左右。这些斑点是由一些看不见的冰块组成的小彗星冲入地球大气层，破裂和融化成水蒸气造成的。科学家估计，每分钟大约有20颗平均直径为10米的冰状小彗星进入地球大气层，每颗小彗星释放约100吨水。由于这些小彗星不断供给地球水分，从而使地球得以保持一个庞大的水位，渐渐就形成了今天的海洋。但是，这种理论也有它不足的地方，就是缺乏海洋在地球形成发育的机理过程，而且这方面的证据也很不充分。因此，爱荷华大学的科学家们的意见是否可靠，还有待验证。

　　总之，关于海洋的水究竟来自何方，目前各种意见仍相持不下。要揭开这个谜底，尚须我们付出更加艰辛的努力。

大家都知道，海水是又苦又咸的，并不适宜日常生活的饮用。看来，海水中除了含有氢、氧元素外还含有其他元素。那么海水中还含有哪些元素呢？它们在海水中是以什么形式存在的？它们在海水中的含量又如何？

海水是一种化学成分复杂的混合溶液，包括水以及溶解于水中的多种化学元素和气体。迄今为止，海水中已发现的80多种化学元素中，依其含量可分为三类：常量元素、微量元素和痕量元素。有时，后两类也通称微量元素。每升海水中含量超过100毫克的元素称为"常量元素"。最主要的常量元素有氧、钠、镁、硫、钙、钾、溴、碳、锶、硼、氟11种，约占化学元素总含量的99.8%～99.9%。其他化学元素含量极少。其中，每升海水中含量为1～100毫克的元素称为"微量元素"，如铁、钼、钾、铀、碘等。每升海水中含量为1毫克以下的元素称为"痕量元素"，如金、银、镉等。溶解于海水中的化学元素绝大多数是以盐类离子的形式存在的，其中氯化钠最多，占88.6%，硫酸盐占10.8%。海水的常量元素之间的浓度比例几乎不变，具有恒定性，这对于研究海水浓度具有重要意义。有一种元素，它除了少量存在于井盐苦卤、地下水和盐湖中之外，99%存在于海洋中，人们叫它为"海洋元素"。这种元素名叫溴。

海水元素成分

溴在海水中占0.0065%，这就相当于每吨海水中含有65克溴。这点含量看起来似乎是微不足道，可是要知道大海中有13.7亿立方千米的海水，这样算起来，溴的总储量就有100万亿吨，这个数目是相当可观的了。如今，世界上的溴，80%是从海水中提取的。

一般提炼溴的工厂都建造在海边。在那里，抽水机日夜不停地工作，它们将海水抽入工厂的反应塔内，塔底通入的氯气将溴从海水中置换出来成为单质的溴液。1吨溴液，需要处理1.5万吨海水才能提炼出来。如果用晒盐后留下的卤水提炼溴，那就较为容易些。海水在晒盐过程中，水分大量蒸发，各种成分都被浓缩，其中溴的含量可提高100倍。

在人类已知的非金属元素中，溴是唯一在常温下呈液态的元素，因此它是"氵"旁。常温下，溴是红棕色的液体，很容易挥发，气味十分难

▼浩瀚的海洋

闻。"溴"的希腊文原意就是"臭"的意思。

溴液很少直接被使用,一般都是应用它的化合物。目前,溴的最大用途是将溴与乙烯反应,生成二溴乙烷。二溴乙烷作为抗爆震的添加剂而大量使用在汽油中。汽油中添加了四乙基铅后可以节约30%的汽油,但是它燃烧后所产生的氧化铅会沉积在汽缸内或排气孔处。添加二溴乙烷以后,可使氧化铅变成易挥发的溴化铅而被排除。世界上有半数以上的溴用于制二溴乙烷。应当指出的是,这种办法虽然能够节省汽油,使汽车开得更快,但是大量的铅化合物排入空气,严重地污染了环境,危害人体健康。因此,我们应该逐渐减少四乙基铅与二溴乙烷的应用,并努力找到新的物质代替它们。

溴的蒸气对人体的呼吸道会产生严重的危害;人的皮肤接触到溴液会受到烧灼伤害。可是溴液却是一种宝贵的制药原料。金霉素、氯霉素、四环素的制造都离不开溴,甚至连普通消毒用的红药水也以溴做原料。以著名科学家命名的"巴甫洛夫合剂"也含有溴。它由咖啡因及三种溴化物——溴化钠、溴化钾、溴化铵组成。溴化物对人体的神经有麻痹作用,对病人起镇静作用。

溴的无机化合物的另一个重要用途与摄影有关。溴化银具有光化学反应,即见光会发生分解。人们利用它的这个特性制成胶卷,用来"捕捉"物体的像。

不断循环的水

地球上的水圈是一个永不停息的动态系统。在太阳辐射和地球引力的推动下，水在水圈内各组成部分之间不停地运动着，构成全球范围的海陆间循环（大循环），并把各种水体连接起来，使得各种水体能够长期存在。这部分水容易被人类社会所利用，具有经济价值，正是我们所说的水资源。概括来说水有三种循环方式：第一种是海洋水被蒸发，变成气态水，绝大部分在海洋上空凝结，形成海洋降水。这是海上内循环。它占了整个水循环水量的90%。第二种是海洋水被蒸发，除形成海洋降水外，另外一部分随着水汽输送（大气运动）到达陆地上空，形成降水，降落到地面，汇成河流，形成地表径流。渗入地下，形成地下径流。最后汇集到海洋，形成海陆间循环。第二种情况大约占了水循环水量的10%。第三种是内陆地区的地表水、植物被蒸发，到达上空，水汽凝结，形成内陆降水。这就是内陆循环。它占整个水量的极小的一部分。

水的这种不断进行的相互迁移转换过程，称为"水文循环过程"。水文循环过程不仅是水的气相、液相和固相之间的状态转换，而且具有一个更为重要的意义——使水的功能借此得以体现。水循环的重要功能之一就是提供可资利用的淡水，淡水是许多陆地上的生命和地球表面所必需的。海洋中的水是含有很

▲碧海蓝天

高盐分的咸水，陆地上河流、湖泊、甚至动植物体内的水都溶解有一定量的盐分，水分从海洋、陆地或植物体表面蒸发或蒸腾的过程实际上是一种蒸馏净化的脱盐过程。在这一过程中，水把其所溶解的各种盐分留在地表，进入到大气中的水是纯净的水，在大气中凝结而降落到地表的水是不含盐分或含盐分很少的淡水。因此，可以把地球看作一个自动的淡水发生器，它能通过地表的蒸发和蒸腾作用把纯净的水输送到大气，又通过大气降水把淡水返还地面，使可供我们使用的清洁淡水不断地得到补充。

水在调节地球表面温度方面也有重要作用。首先，地球的陆地表面和海洋表面在吸收太阳能的性质方面存在明显差异，与陆地相比，海水受热升温和冷却降温的速度慢，变化的幅度小，能够把所接收的太阳能贮存在海洋之中。占地球表面71%、占地球水量97%以上的海洋能够容纳巨大的热量，对调节全球温度起重要的作用，缓和了大多数地区温度季节变化的

极端程度。沿海地区冬天不是太冷、夏天不是太热，正是海洋对温度进行
有效地调节的表现。其次，大气和海洋在运动过程中都把热量带到其他地
区，调节着地区之间温度的差异。水在蒸发或蒸腾的过程中也把地表的能
量带到大气之中，并通过大气中的水汽运动，把能量输送到其他地区，当
大气中的水汽冷却凝结时，再释放出来，因此，水文循环的过程同时也是
能量的传输和转换的过程。海洋水也像大气一样通过洋流进行热量输送。
地球所接收的太阳能在低纬度地区高，高纬度地区低，在大气和海洋的运
动的作用下，热量能从低纬地区输送到高纬地区，降低了高低纬度之间温
度的差异。再次，大气中的水汽的多少也能调节地球表面的温度，大气中
的水汽除产生温室效应之外，由冷凝的水汽形成的云能够反射掉入射的太
阳能，使地球冷却，也有效抑制了温室效应无限制地增强。此外，地球上
的水还通过冰川体积大小的变化来调节地球表面的能量收支和温度平衡，
冰盖范围的变化直接影响到地球表面所能接受到的太阳能的多少，而结冰
过程中所释放的大量热量和冰川融化所消耗的大量热量都能减缓地球变冷
或变暖的过程。

　　如果说生物的生长过程是一个生产过程，那么生命所需的空气、水和
各种矿物养分就是基本的生产原料。自然界中很奇妙的一件事就是这种原
料供应能够保持长久不衰，这一方面有赖于生态系统中物质被循环利用的
特性，另一方面也有赖于地球所独具的水循环和板块运动等过程。水对于
生命生存的重要作用之一就是不断地为生物提供光合作用的原料并输送生
命所需的营养元素。

　　海洋和陆地之间的水交换是这个循环的主线，意义最重大。在太阳能
的作用下，海洋表面的水蒸发到大气中形成水汽，水汽随大气环流运动，

一部分进入陆地上空，在一定条件下形成雨雪等降水。大气降水到达地面后转化为地下水、土壤水和地表径流，地下径流和地表径流最终又回到海洋，由此形成淡水的动态循环。

　　水循环是联系地球各圈和各种水体的纽带，是调节器，它不仅能调节地球各圈层之间的能量，也对气候的冷暖变化起到了重要的因素。水循环可以说是"雕塑家"，通过它的侵蚀、搬运和堆积，塑造了丰富多彩的地表形象。水循环是"传输带"，它是地表物质迁移的强大动力和主要载体。更重要的是，通过水循环，海洋不断向陆地输送淡水，补充和更新陆地上的淡水资源，从而使水成为了可再生的资源。

海水的物理特性

海洋能够成为一个独特的环境系统，与海水的特征息息相关。海水首先是水，因为就大多数海水而言，其盐度在32‰~35‰之间，平均值接近35‰。这说明海水中绝大部分是纯水，因此海水的物理性质与纯水的物理性质很相似。而且这也就是为什么海洋本身是一个取之不尽、用之不竭的大淡水库的原因。

相比其他液体，水有许多明显的异常性。它既能蒸发成汽，也能冷凝结冰。在0℃（熔点）~100℃(沸点)之间是流动的液态水，而且4℃的水以及水结成的冰都浮在水面上，而4℃的水永远在最底层。这个特性对生活在其中的生物是非常重要的。

同时，水又是一种溶剂，能溶解许多物质，这也是海水的另一特性的基础。跟一般的淡水相比，海水是含有许多无机盐类的混合液，能溶解多种气体，尤其是氧和二氧化碳，以及大量的有机和无机的悬浮物质。这些物质对海水的物理性质均有不同程度的影响，更重要的是，它们为生物的生长提供了良好的营养物质。海洋水体积占地球上总水体积的97%，覆盖了地球表面的70%。海洋对全球气候的维持及气温的变化有着巨大的调节缓冲作用，这是由于海水的比热比空气和陆地要大得多的缘故（比热就是使1克物质升高1℃时所需的热量，当然，降低1℃时就会释放出相当的热量）。

比方说使1cm³的海水温度降低1℃时所放出的热量，可使3100cm³的空气温度升高1℃，所以相对于空气的温度来说，海水的温度升降变化要稍慢一些。因此沿海地区的气候受海洋影响较大，冬天不会很冷，夏天也不会太热。

海水中的水要蒸发，就要吸收热量。水蒸气上升到空中聚集起来，温度降低时冷凝成水，成雪或霜，降落到陆上或回到海洋中，所以海洋在全球的水汽平衡中起重要作用。可以说，海洋就像是风雨的故乡，它具有"呼风唤雨"的能力。

当然，除了上述海水的热性质外，海水还有其他物理特性，如海水的沸点较高，冰点较低。海水还具有渗透性、压缩性。如果海水不可压缩，现今的海平面将升高30多米，那样的话，也许这世界上有许多国家和城市都将是"海底之都"了。另外，海水还能传热、导电等。

　　还值得一提的是海冰，这种一般出现在高纬度地区（像极地）的冰山、流冰等，是极地探险工作的劲敌。海水由于含盐，所以它的冰点随盐度的升高而降低，当水温度降至其冰点以下时，海水首先达到某种程度的过冷以后，在有结晶核存在时开始结冰。在海面上最初形成一些细小的冰针或冰片，相互冻结形成一层油脂状冰，继而出现薄冰。随着温度的降低，冰不断变白变大，形成广阔的冰原。也可能由于波浪海流、潮汐的不断作用，冰原碎裂成大大小小的冰块，漂浮在海面上成为浮冰。

　　这些浮冰在风平浪静气温再降低时又冻结起来，这会使得航行于其中的船只陷于冰原无法行动。这是浮冰的形成过程。而冰山主要来自陆地上的河流，冰山往往巨大，由于密度关浮在水面上，水面以下的体积是上部的两倍，所以一座巨大的冰山往往蕴藏着无坚不摧的力量，令避之不及的船舶蒙受灾难。"泰坦尼克号"的悲剧也是因为这个原因造成的。

几十亿年来，来自陆地的大量化学物质溶解并贮存于海洋中。如果全部海水都蒸发掉，那么剩余的盐可以覆盖整个地球表面达70米厚。根据测定，海水中含量最多的化学物质有11种，即钠、镁、钙、钾、锶五种阳离子，氯、硫酸根、碳酸氢根（包括碳酸根）、溴和氟五种阴离子以及硼酸分子。其中排在前三位的是钠、氯和镁。通常用海水盐度来表示海水中化学物质的多寡。海水盐度是海水最重要的理化特性之一，它与沿岸径流量、降水及海面蒸发密切相关。盐度的分布变化也是影响和制约其他水文要素分布和变化的重要因素，所以海水盐度的测量是海洋水文观测的重要内容。世界大洋的平均盐度为3.5‰左右，海洋中盐度的分布及其变化规律的研究在海洋科学上占

海水的盐度和颜色

▲碧波荡漾

有重要的地位。

关于海水将来是会变咸还是变淡的问题，至今尚无定论。不过许多专家都认为，海水在某一时期内会变咸，而在另一段时间内又可能变淡，总体来说海水的盐度会保持着相对平衡的状态。

不同海域的海水盐度不同，主要受气候与大陆的影响。在外海或大洋，影响盐度的因素主要有降水、蒸发等；在近岸地区，盐度则主要受河川径流的影响。从低纬度到高纬度，海水盐度的高低主要取决于蒸发量和降水量之差。蒸发使海水浓缩，降水使海水稀释。有河流注入的海区，海水盐度一般比较低。有些海区如红海，由于处于热带沙漠气候区，蒸发旺盛，使得红海的海水盐度可高达40‰以上；而降水量大，河流注入较多的

▼海边游玩的人

波罗的海北部的波的尼亚湾，海水盐度可低至3‰。即使同一海区，海水的盐度在水平方向和垂直方向上都有差异。

世界各大洋表层的海水，受蒸发、降水、结冰、融冰和陆地径流的影响，盐度分布不均。两极附近、赤道区和受陆地径流影响的海区，盐度比较小；在南北纬20°附近的海域，受副高气压的影响，蒸发旺盛，则海水的盐度比较大。深层海水的盐度变化较小，主要受环流和湍流等物理过程的影响。根据大洋中盐度分布的特征，可以鉴别水团和了解其运动的情况。在研究海水中离子间的相互作用及平衡关系，探索元素在海水中迁移的规律和测定溶于海水中的某些成分时，都要考虑盐度的影响。此外，由于实际工作中往往难以在现场直接准确测定海水的密度，所以各国通常先测定盐度、温度和压力，再根据海水状态方程式计算海水密度。

我们通常看到的海水都是蓝色的。但亚欧大陆中部的黑海，海水却是黑色的；而亚洲的阿拉伯半岛与非洲大陆之间的红海，海水则是红色的；我国的内海黄海，海水又是黄色的，等等。我国的黄海，特别是近海海域的海水多呈土黄色且混浊，主要是被流经黄土高原的黄河水染黄的，因而得名黄海。不仅泥沙能改变海水的颜色，海洋生物也能改变海水的颜色。介于亚、非两洲间的红海，其水温及海水中含盐量都比较高，致使红褐色的藻类大量繁衍，成片的珊瑚以及红色的细小海藻都为之镀上了一层红色的光泽，所以我们看到的红海是淡红色的，这也是红海得名的原因。由于黑海里跃层所起的障壁作用，使海底堆积大量污泥，这是促成黑海海水变黑的主要因素。另外黑海多风暴、阴霾，特别是夏天狂暴的东北风，在海面上掀起灰色的巨浪，使得海水乌黑一片，故得名黑海。白海是北冰洋的边缘海，深入俄罗斯西北部内陆，气象异常寒冷，结冰期达六个月之久。

白海之所以得名是因为掩盖在海岸的冰雪不化，由于冰雪对光的强烈反射，致使我们看到的海水是一片白色。

其实海水本来是无色透明的，可为什么我们看到的海水大多是蓝色的呢？这是因为太阳光是由红、橙、黄、绿、青、蓝、紫七种颜色的光组成的。当阳光射入海水中时，红、橙这两种波长较长的光首先被海水或海洋生物所吸收，随着海水深度的不断增加，黄、绿光也相继被海水和其他海洋生物所吸收，最后剩下的是波长较短的蓝光和紫光。当蓝光和紫光被水分子和其他微粒阻挡时，很容易发生不同程度的反射和散射。而人眼对蓝光比较敏感，对紫光却很不敏感，因此映入人们眼帘的海水就呈现出了蓝色。

由于海水中包含有一些悬浮物质和溶解的物质，当阳光照射时，表层进行散射而使海水有了颜色，由蓝到黄绿及褐色。一般大洋的海水是深蓝色，近岸的海水为蓝绿色和黄褐色。海色在一定程度上反映了海水中悬浮和溶解物质的性质。

海水温度的季节性变化

　　温跃层是位于海面以下100～200米的、温度和密度有巨大变化的薄薄一层。在开阔的海域，盐度几乎是稳定的，而压力对密度只有很轻微的影响，因此温度就成为影响海水密度的一个最重要的因素。大洋表面的海水温度较高，因此它的密度就比深处的冷水要小。

　　温度和密度在温跃层发生迅速变化，使得温跃层成为生物以及海水环流的一个重要分界面。季节性温

▲岸边的礁石

跃层随季节变化而变化，是上层的薄暖水层与下层的厚冷水层间出现水温
急剧下降的层。

在日本本州岛以南的黑潮区域，温跃层位于500～700米深度，温差
10℃左右，基本上是稳定的水层，称为"恒定温跃层"或"主温跃层"。
若用10℃等温面的深度分布来推断北太平洋主温跃层的深度，则对应于黑
潮及其延伸体的南缘（北纬30°附近）最深，向南至赤道逐渐变浅，其北
侧则急剧变浅。在东西方向上，偏西侧最深，向东缓慢变浅。在北大西
洋，虽然湾流南侧比黑潮南侧深200～300米，但却显示出与北太平洋类似
的分布情况。

温跃层的内部结构有相当明显的地域差异。在北赤道暖流与赤道逆
流的边界附近，温跃层在赤道海域内不仅最浅，且层内水温垂直梯度也最
大。在赤道附近的赤道潜流中，可把温跃层分为两部分：在赤道上，上部
温跃层为峰，下部温跃层为谷，中间（潜流的中心）是水温较为均匀的水
层。温跃层内的水温梯度，从赤道逆流往北（或从日本以南往东）有变小
的趋势，但在黑潮流域内则再度增大。在赤道海域以外，一般在海面附近
出现另一类温跃层，它直接反映着海面的热收支情况，即夏季旺盛，冬季
消失，故称为"季节性温跃层"。如在北海道东南方的亲潮海域，在冬季
对流期，会形成0℃左右的深厚上混合层，但在春、夏季，海面所吸收的
热量积蓄于表层，并使海面附近的水温显著上升。加之由融冰形成的低盐
水使表层的垂直稳定度进一步增大，因而妨碍了热量向下层扩散，导致季
节性跃层特别发达。

海水温度异常引起的灾害

人们普遍认为，海洋会给陆地带来湿润的风。但是很多人所不知道的是，海洋与旱灾也有关联。洋面温度的异常变化会造成旱灾。

20世纪30年代，美国曾发生大干旱，其间太平洋洋面温度比正常值平均低零点几摄氏度，大西洋的温度则略高于正常水平。美国一个研究小组设计了一个计算机模型，准确地再现了当时的情景。他们在多达50次的反复模拟中发现，这场大干旱的直接原因就是海水温度的异常变化。只要存在这种状况，不管当时的其他气候条件如何，大干旱都会出现。

研究人员表示，通常在春、夏两季，来自墨西哥湾的湿润气流西行，给美国大平原地区带来降水。此后，该气流到达太平洋，吸收水分后回头，再降甘霖

▲碧波荡漾

于大地。但以下任何一种因素都能影响这一循环：一是如果大西洋温度比正常水平高，那么海面空气受热上升，形成低气压，使凉爽高压气流向东移，墨西哥湾的湿润气流就会背离美国；二是如果太平洋的温度比正常值低，东行到达美国的气流就干燥，带来的雨水变少。

要是两种情况同时出现，这就很糟糕。在20世纪30年代，美国曾暴发过一次由大旱带来的沙尘暴，这次沙尘暴就是这两种情况同时出现的结果。大旱影响了美国四分之三的地区，特别是大平原的南部。1935年，沙尘暴刮走了大平原南部近10亿吨的地表土。

虽然早知道洋面温度对降水能起重要作用，但细微的异常变化就能对陆地气候产生这样巨大的影响，使研究人员也颇感惊讶。1998年至2002年间，美国、欧洲南部和亚洲西南部的干旱天气也与东太平洋热带水域温度下降、西太平洋和印度洋水温升高有直接关系。

目前，计算气候模型能提前半年至一年预告干旱天气。研究人员相信，通过加强深海水温数据分析，能提高模型的预测能力。

波浪

海浪神奇而多变，它有时富有诗情画意，有时来势凶猛，有时又微波荡漾，总之，海浪给人一种神秘莫测的感觉。那么，海浪是怎么形成的？它有多么惊人的力量？它又是如何变化的？下面我们具体来探索一下。

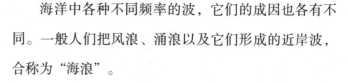

风浪和涌浪

海洋中各种不同频率的波，它们的成因也各有不同。一般人们把风浪、涌浪以及它们形成的近岸波，合称为"海浪"。

风浪的产生的原因是：风的动量借助于摩擦而传给海水，从而产生风浪。因此，风浪即是风的直接作用所引起的水面波动。一旦风力作用停止，风所引起的波浪便会受到重力和摩擦力影响而逐渐衰减。俗语"无风不起浪"，指的就是风浪。风浪的周期较短，波面不规则，较凌乱，其传播方向总是与风向保持一致。

波高与风力有密切关系。人们早就有"风大浪高"的经验，风级越大，对应的波高就越高，例如5级风对应2米浪，7级风对应4米浪，10级风对应9米浪。

▲涌浪

但实际上风浪的大小并不仅仅取决于风力的大小，还与风区（风速和风向近似一致的风所吹刮的距离，又称为"风程"）和风时（近似一致的风速和风向连续作用于风区的时间）有关。风区越大，风时越长，海水所获得的动能越大，风浪也就越大。在离岸风的作用下，海岸附近产生的波浪较小，是风浪的发展受到风区限制的典型例子。此外，风浪的大小还受水深及海域特征等因素影响。当风速相同时，浅水中的风浪尺寸要比深水中小。

然而，风浪的发展不是无限制的，当波陡接近1/7时，波浪开始破碎，波高停止发展。这是因为风传递给风浪的能量，除用于增大波高外，还有相当一部分能量消耗于涡动所引起的摩擦上。

风浪离开风区后传至远处，或者风区里的风停息后所遗留下来的波浪，称为"涌浪"。涌浪波面光滑，波长较长。俗话说"无风三尺浪"，指的就是涌浪。显然，涌浪的传播方向跟海面上的实际风向毫无关联，两者间可成任意角度。

涌浪在传播过程中，波高逐渐降低。其原因可能是，波浪的能量在海水的涡动黏滞性和空气的阻力作用下被消耗，因此波高减小。涌浪的这种消衰是有选择性的，波长大的衰减慢，波长小的衰减快，首先消衰的是那些叠加在大浪上的涟漪，这就是为什么涌浪的波面一般都比较光滑的原因。另外，离散和角散作用也会使波高降低。

在波高衰减的同时，涌浪的周期和波长都在增加。由于波速与波长的平方根成正比，在传播过程中长的波越来越向前，短的波越来越落后，因此传播的距离越远，周期越大（波长也长）的波将越来越占着显著的地位，而我们平时所观测到的波浪，正是这些波高的显著部分。所以，观测的结果发现随着传播距离的加大，周期和波长都在增加。另外，空气阻力和海水涡动黏滞性的选择消衰作用，使周期小的波消衰得快。

涌浪的波长比其波高大40～100倍。非常低的涌浪，其波长可能超过波高1 000倍以上，所以涌浪又被称为"长浪"。这种涌浪在海上不易被发现，仅在靠近海岸的地方才能觉察出来。由于波长越长的浪传播速度越快，它往往比海上风暴系统移动得快，它的出现往往是海上台风等风暴系统来临的重要征兆。另外涌浪在靠近海岸和遇到海底隆起物时，波高突然增大，往往会形成拍岸浪。

涌浪传播的距离是相当大的，例如，南纬在38°的特里斯坦—达库尼亚群岛的强烈西风区产生的涌浪每昼夜能传播1 000海里，经2～3天就可以到达北纬2°的几内亚海岸。

力大无比的波浪

浪浪究竟有多大的力量呢?在这里我们可以毫不夸张地说,波浪是名副其实的大力士。

1894年12月的一天,美国西部太平洋沿岸的哥伦比亚河入海口,发生了一件怪事。那里有一座高高的灯塔,旁边还有一座小屋,灯塔看守人就住在这间小屋里。一天,看守人突然听见屋顶上响声如雷,他吃惊地回过头去,还没有弄清楚是怎么回事,就只见一只黑色怪物带着噼里啪啦的声响,穿透天花板落在地上。

看守人吓坏了,他战战兢兢地走到黑色怪物前,仔细一看,简直不敢相信,这怪物不是什么奇怪的东西,而是一块大石头,而且竟有64千克重,这块从天而降的石头,使看守人迷惑至极。在这人烟稀少的地方,谁能把这么重的石头抛到屋顶上呢?如果不是人为,这块石头又是如何从天而降的呢?

灯塔看守人为了查出事情的真相,于是请来了专家。专家们对周围环境进行调查后认定这块石头是被

▲涌向岸边的波浪

浪卷到40米高的上空，再砸到房顶上的。听到这个结论，这位灯塔看守人似信非信地点了点头。虽然他看过不少惊涛骇浪，也见过浪尖抛石的场面，可是他还是很难相信，海浪竟有如此巨大的力量，会把60多千克的石块抛到40米高的灯塔上空。然而事实证明，专家的结论是正确的。

有人也可能认为，波浪是指在海面上移动的大片海水。但事实并不是这样的，只要你细心观察随波漂来的一片片漂木就能明白。通过观察，你会发现：漂木先是迎着前来的波浪少许前移，随浪升高，然后又跟着小浪前移少许便落下。波浪过后，漂木仍留在原位。由此我们能够得出这样一个结论：波浪和海流不同。海流确实带着水前进，而波浪是穿水而过。波浪不外乎是能的脉冲，借水分子的振荡在海水中传送。有人曾见过18米高的滔天巨浪，打在船上把船首8厘米厚的钢板打扁，在桥楼上撞开一个9米乘18米的大洞，冲歪了轮船内侧几块舱壁的钢板，还导致三人死亡。

当我们惬意地躺在夏日沙滩上倾听浪涛声时，一定不可以轻视波浪的威力。海浪的力大得惊人。扑岸巨浪曾将几十吨的巨石抛到20米高处，也曾把万吨轮船举上海岸。海浪曾把护岸的两三千吨重的钢筋混凝土构件翻转。许多海港工程，如防浪堤、码头、港池，都是按防浪标准设计的。在海洋上，再大的巨轮在波浪中也只能像一个小木片那样上下漂荡。大浪可以倾覆巨轮，也可以把巨轮折断或扭曲。假如波浪的波长正好等于船的长度，当波峰在船中间时，船首、船尾正好是波谷，此时船就会发生"中拱"；当波峰在船头、船尾时，中间是波谷，此时船就会发生"中垂"。一拱一垂就像折铁条那样，几下子便把巨轮拦腰折断。20世纪50年代曾发生过一艘美国巨轮在意大利海域被大浪折为两半的海难。因此，有经验的船长只要改变航行方向，就能避免厄运，因为航向的改变即改变了波浪的"相对波长"，就不会发生轮船的中拱和中垂了。

海水温度是海水的一个重要的理化指标，也是度量海水热量的重要指标。海水温度每天都会随着太阳的辐射而发生变化。大洋表层水温每天变化不大，一般不会超过0.4℃。浅海的海水表层每天的温度变化较大，常常可以达到3℃以上。海水表层温度的每日变化会通过海水向更深层海水传导，不过影响的最大深度不会超过50米。影响水温日变化的主要因素为太阳辐射、内波等。在近岸海域，潮流也是重要的影响因素。

表层水温的每日变化有一个最高值和一个最低值，它们出现的时间与太阳的辐射强度有直接的关系。中午12点左右是太阳辐射最强的时候，海水的最高温度一般会在午后2点左右出现；每天夜间海水的温度都会降低，到凌晨4点海水的温度会下降至全天最低点。

为什么每天海水的温度变化总是滞后于太阳辐射的变化呢？因为太阳辐射的热量大部分用于蒸发海水，只有一小部分用于升高水温，由于海水的比热比空气大得多，因此水温上升的过程十分缓慢，这就使海水温度最高值比太阳辐射最强时间滞后。同样，海水降温的过程也进行得比较缓慢。

—海水表层水温的日变化幅度—

▲辽阔的海洋

单纯由太阳辐射引起的水温日变化曲线，为"一峰一谷"型，其最高值出现在14～15时，最低值则出现在日出前后。一般而言，表层水直接吸收太阳辐射，其变幅应大于下层海水的变幅，但由于湍流混合作用，使表层热量不断向下传播，加上蒸发的耗热，故其变幅仍然很小。相比之下，晴好天气比多云天气时水温的变幅大；平静海面比大风天气海况恶劣时的变幅大；低纬海域比高纬海域的变幅大；夏季比冬季的变幅大；近岸海域又比外海变幅大。

由太阳辐射引起的表层水温日变化，通过海水内部的热交换向深层传播，其所及的深度不但决定于表层日变幅的大小，而且受制于水层的稳定程度。一般而言，变幅随深度的增加而减小，其位相随深度的增加而降低，在50米深度上的日变幅已经很小，而最大值的出现时间可落后表层达10小时左右。如果在表层以下有密度跃层存在，那在这个"屏障"的作用下，日变化的向下传递会被阻止。况且内波导致跃层起伏，它所引起的温度变化常常掩盖水温的正常日变化，使其变化形式更趋复杂，水温日变幅甚至远远超过表层。

潮流对海洋水温日变化的影响，在近岸海域往往起着重要作用。由涨、落潮流所携带的近海与外海不同温度的海水，伴随潮流周期性的交替出现，它所引起的水温在一天内的变化与太阳辐射引起的水温日变化叠加在一起，同样可以造成水温的复杂变化，特别是在上层水温日变幅所及的深度更是如此。但在较深层次，则显现出潮流影响的特点，其变化周期与潮流性质有关。同样，深层内波的影响也可被辨认出来。在浅海水域，常常三者同时起作用。

海水温度还有日、月，年、多年等周期性变化和不规则变化。海水温度常作为研究水团性质、鉴别洋流的基本指标。研究海水温度的时空分布及其变化规律，不仅是海洋地理学的重要内容，而且对渔业、航海、气象和水声等学科也有重要价值。

海面的上升和下降

"温室效应"使全球变暖，海洋温度随之上升，海平面也不断升高，这已经是一个不可否认的事实。有人开始担心：随着海平面的上升，世界是否会变成一片汪洋？据气象资料统计，在过去的100年里，地球表面气温增加了0.3℃~0.6℃。气候变暖可促使海水的热膨胀、两极冰盖和冰山的消融以及山岳冰川的融化，这些都可以导致海平面的上升，那究竟哪种因素起主要作用呢？有研究发现，假定在过去的100年中，全球海平面上升量为10.5厘米，则海水热膨胀和山岳冰川消融可分别使海平面上升4厘米，格陵兰冰缘融化上升量为2.5厘米，南极冰层对海平面上升的影响几乎为零。

当然，全球海平面上升的主要因素是气候变暖，但人类活动引起的变化也不容忽视。比如地下水的提取，地表水的分流以及改变土地使用方式，都会使本应储留在陆地上的水，最终汇集到海洋中去。例如：

▲一望无际的海洋

抽取地下水是把储藏在地下的水转移到地表，其中一部分水可回流到地下蓄水层，但大部分被抽取的地下水，特别是用于灌溉的农田水，大都汇集到河流或蒸发进入大气变成云雨，最终都进入海洋。同样，干旱地区用河水、湖水灌溉也大大增加了蒸发，从而长时间地将大陆内地的水转移到海洋中。我们不能忽视这样的方式给海平面上升带来的影响。

对于"海平面上升"理论的观点，挪威科学家提出其他意见，他们认为，在数千万年的时间里，海平面始终在经历不断下降的过程，即使目前气候变化导致海平面上升，但这个趋势总的走向不会改变。按照这种说法，目前据说由气候变化导致的海平面上升现象，只不过是从古到今一直在延续的地质变化趋势出现了短期中断而已。

这些科学家认为，从历史资料看，海洋的深度一直在增加，自从8 000万年前恐龙生存的白垩纪到现在，海平面下降了大约170米。而在此前，我们对海平面下降的情况了解不多，只能估计出其幅度在40米到250米。

目前，我们对于地壳的大陆构造板块的移动已经有了更多的了解，在这个基础上建立起来的一种计算机模型显示，海底会进一步下沉，在今后8 000万年里，海平面还会下降120米。如果海平面下降到那样的程度，目前俄罗斯与阿拉斯加之间的白令海峡将不复存在，两个地方将由陆路相连。此外，英国会成为欧洲大陆的一部分，澳大利亚与巴布亚岛将成为同一片陆地。研究文章的主要撰写人、悉尼大学专家迪特马尔·穆勒说："如果人类在1 000万年、2 000万年或5 000万年之后仍然存在，无论届时冰川是增厚还是变薄，我们都会发现，长期而言海平面会降低，而不是升高。"

不过，科学家们说，与目前普遍认为的气候变化将有可能导致的海平面上升相比，地质变化造成的海平面下降可以忽略不计。

决定风浪大小的因素

　　海面上和湖面上的波浪，是由风吹所引起的一种运动。但是，由于波浪在水面上的传播关系，又会在没有风吹的海域产生海浪。风浪变化的情况是复杂的，风浪指由局地风产生，且一直处在风的作用之下的海面波动状态。风浪的大小取决于风的类型、风速（风力大小）、风时（风的作用时间）和风区（风的作用区域大小），即风速强、风区大、风时长，形成的风浪就较大。风逐渐增大，浪也不断增高。三四级

▲浪花滚滚

风的时候，海面已不是波纹了，代替它的是杂乱无章的锥形和略透明的小浪；五六级风时，海面出现了白色浪花；七八级风时，海面到处是浪花；风再大些，海面简直就是白浪滔天了。风浪波面粗糙，波长和周期短，波峰陡峭，波峰线短，常出现波浪溢浪（白帽）现象。涌浪波面光滑，波峰线长，波长和周期长于风浪。它的波形不对称，传播方向变化不定，且主要取决于风力和风向。风浪传播到浅水区与海底摩擦，形成破浪和激浪，可对海岸造成较强的侵蚀和搬运作用。

常言说的"风大浪高""无风不起浪"，这是对风与浪关系的一种描述，但这只有部分正确。我们知道，在小小的水湾中，哪怕再大的风也绝不会掀起汪洋大海中那种惊涛骇浪，因为它受到了水域的限制。另外，即便是在辽阔的海洋中，短暂的风也不会产生滔天巨浪。可见风浪的成长与大小，不只取决于风力，而是与风所作用水域的大小和风所作用时间的长短有密切关系。同样大小的风，风区长的地方，风传给水的能量多，风浪就大一些；风区短的地方，风传给水的能量小，风浪也就小一些。小水塘也罢，游泳池也好，充其量不过几十至几百米长短，能够从风那里得到的能量少得可怜，那里的风浪怎能成得了大气候？辽阔的海洋，纵横千万里，可就大不相同了。居住在我国东南沿海一带的人们会注意到，夏季多吹东南风，风从海上来，风区长度少说也有几千千米，虽然风力一般只有四五级，但风浪也不见得小；相反，冬季多数吹的是偏北风，风力强劲，常可达到七八级，但因风从岸上吹来，沿岸海域处在风区的开头，风区短，所以风浪并不太大。因此，风大浪高，必须有宽阔的水面作为条件。

当波浪传至浅水及近岸时，由于水深及地形、岸形的变化，无论其波高、波长、波速及传播方向等都会产生一系列的变化。

诸如波向的折射、波高增大从而能量集中，波形卷倒、破碎和反射、绕射等，对海岸工程、海岸地貌的变化均具有重大影响。

（1）波向转折：波速变小（波速与水深成正比）导致波向转折。

（2）波高变化：水深变浅的地形因子及岸形（折射因子）辐聚和辐散导致波高增大或减小。

（3）波浪破碎：溢波、卷波、振波、溃波。离岸流、沿岸流、物质输动、海湾沙丘。

▲碧波万顷的海洋

波浪传到浅海和近岸发生的变化

导致波浪破碎的因素

波浪破碎是指波浪发生显著变形，波峰水质点水平分速达到或超过波速，使波形发生破碎的现象。波浪破碎取决于波陡和相对水深两个因素。在海洋中风大时，波陡达到一定值，波浪开始破碎。而当海浪传到浅水后，由于波长变短，波高增大，波陡迅速增大，波浪也可发生破碎。由于海底摩擦作用以及波峰处水深大，从而相速也大，而在波谷处，由于水深小，相速也小，这就使波面出现变形。当波峰前的坡度很大时，便发生卷倒现象，在岸边形成拍岸浪，导致破碎。有时在海洋中的浅滩、沙洲、暗礁区之上，波浪也常常出现破碎现象，此称为溢浪。有经验的航海者对这种现象十分了解。

波浪破碎有三种类型：

（1）崩顶破碎（崩波）。波陡较大的波浪传入坡度较平缓的海岸时，水下岸坡易出现崩波。波形在传播过程中水平方向上大体能保持对称，波陡逐渐增大，破碎时产生的旋涡小，主要集中在水表面。接近岸边时，峰顶出现浪花并逐渐扩大，以至峰顶崩碎成瀑布状下落。一般来说，崩波具有较强的回流。

（2）卷跃破碎（卷波）。具有相当坡度的水下岸坡以及中等波陡的波浪易产生卷波。波浪在向岸传播过程中，随着深度变浅而变得不规则，在一个较短的时间和距离内就可发生显著变形，波陡增大很快，波

▲溅起的海浪

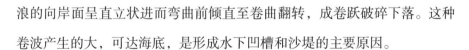

浪的向岸面呈直立状进而弯曲前倾直至卷曲翻转，成卷跃破碎下落。这种卷波产生的大，可达海底，是形成水下凹槽和沙堤的主要原因。

（3）激散破碎（激波）。它一般出现在原来波浪的波陡度较小和坡度较大的水下岸坡上。因为海底坡度较大，波浪发生变形后使波浪前峰从下部开始出现浪花泡沫，并继续扩大到整个前峰面，在直接冲上陡滩时前峰面在滩面上激散破碎，并形成大量泡沫。

总之，波浪破碎类型与水下岸坡的坡度与波浪的波陡有关。如果水下岸坡坡度变化不大，则波陡大的波浪易出现崩顶破碎；波陡小的波浪易出现激散破碎；而中等坡陡的波浪一般出现卷跃破碎。

　　根据波浪在近岸带（包括近滨和前滨）作用的差异又可分为破浪带、碎浪带和冲激带。波浪自滨外传入近岸带首先发生局部破碎的地带为破浪带。波浪一经破碎后，波高要减低20%以上，甚至减低80%，并消耗大量波能，接着变成尺度（波长、波高等）较小的波浪继续向岸推进。在平坦的水下岸坡上破浪带内波浪可出现多次破碎，并继续重复上述的变形。

　　波浪自破浪带继续向岸传播就进入碎浪带。缓坡都有碎浪带，陡坡常难以形成碎浪带。中等坡度的近滨，除高潮期外，可形成宽度不一的碎浪带。自碎浪带向岸，进入冲激带，波能在此带将耗尽。冲激带内的水体运动，已不遵从波浪运动规则，呈一股水流形式向岸运动。开始是在惯性的推动之下，以较大的速度向岸上冲，形成进（冲）流；到达一定高度后，又在重力的作用下退回海中，成为退（回）流。向岸冲流所能达到的高度和回流的强度与波浪的能量、滩面的坡度和滩面的渗漏程度有密切关系。一般来说，进流的速度大于退流，因此较粗大的砾石和沙子被推向岸边，而回流只能带走较细小的泥沙。

洋流

　　海浪海里的水总是沿着比较固定的路线流动，循环不息，称为"洋流"。盛行风是使海流运动不息的主要力量。海水密度不同，也是海流成因之一。冷水的密度比暖水高，因此冷水下沉，暖水上升。基于同样原理，两极附近的冷水也下沉，在海面以下向赤道流去。抵达赤道时，这股水流便上升，代替随着表面海流流向两极的暖水。

　　洋流都是首尾相接、循环不绝的，并且是海水的普遍运动形式之一。犹如人体的血液循环，洋流把整个世界大洋联系在一起，使各大洋得以保持其水文、化学要素的长期相对稳定。如果把巨大的洋流比作几条"大动脉"，那规模较小的海流则是数不清的"微血管"。洋流把海水从一个海区带到另一个海区，从底层带到表层，使各地的海水不断地新陈代谢，又把海面上的气体送到海洋深处，养育着大量的海洋生物，还把热量带到寒冷的地方，充当调节气候的角色。

海底热流分布和热对流

来自地球内部的在海底表层能够散射的一种热流，这就是海底热流。地球的热场是重要的地球物理场之一。某一区域岩石的导热率和地温梯度的乘积就是这个区域的热流值，它的单位是微卡/平方厘米·秒，指每秒钟从地下通过每平方厘米面积的地面所释出的热。

海底热流的测量开始于1948年，美国学者E.布拉德首先设计了用来测量海底热流的海底热流计。经测定发现，海底热流的平均值与陆地热流的平均值几乎完全相等，都是1.5左右热流单位，但两者的来源不同。陆地、热流主要来自地壳中的放射性热，而海底热流则主要是来自地幔深部的热。各地貌单元上海底热流量也有差别，如在洋中脊处的热流值高，而在海沟处的热流值低。海底扩张和板块构造学说认为海底热流

▲俯瞰海洋

▲海底潜水

从洋中脊脊部向两侧有规律地降低，这也说明海底热流随着大洋底部岩石圈年龄的变老而降低。所以，海底热流自洋中脊脊部向两侧降低的分布规律与扩张着的洋底的岩石圈冷却作用有关。

　　由温差导致的热应力引起对流是常识，但人们习惯中很难想象地幔内的固态物质也能像液体一样对流。然而实验表明，固态物质在高温高压或长时间的应力作用下也具有塑性。冰川期后的地壳均衡调整就是固体地球内部蠕变的实例。地球内部的地核温度高于4 000℃，有科学家认为高温熔融核心的热发散必将在地幔内导致热对流。

上层西边界流对气候的影响

西边界流是边界流的一种，是大洋西部边界附近的强流(如黑潮、湾流等)的统称。西边界流沿大洋西部边缘大陆坡的狭窄地带，向高纬度方向流动。它由科里奥利效应形成，当信风流抵达各大洋西部之后，小部分汇入赤道逆流，大部分沿大陆边缘向高纬度方向流动，而成为近岸水系和大洋水系之间的边界，如太平洋的黑潮、东澳大利亚海流，大西洋的墨西哥湾流、巴西海流，印度洋的莫桑比克海流、索马里海流等。由于它们均系信风流的延续，具有高温、高盐、水色高和透明度大的特征，且在流动过程中产生强烈的侵蚀和搬运作用，因此在大西洋西部形成一系列与海岸平行或斜交的沉积脊。

▲飞翔的海鸥

海流的类型

　　海洋中的海水，按一定方向有规律地从一个海区流向另一个海区流动的运动称为"洋流"，也叫"海流"，是海水运动的形式之一。海洋中除了由引潮力引起的潮汐运动外，海水还沿一定途径大规模流动。引起海流运动的因素有风以及热盐效应造成的海水密度分布的不均匀性。前者表现为作用于海面的风应力，后者表现为海水中的水平压强梯度力。同时，在地转偏向力的作用下，海水既有水平流动，又有垂直流动。由于海岸和海底的阻挡和摩擦作用，海流在近海岸和接近海底处的表现和在开阔海洋上有很大的差别。海流与河流是不同的，海流比陆地上的河流规模大，一般长达几千千米，比长江、黄河还要长，宽度则相当于长江最宽处的几十倍甚至几百倍，河流两岸是陆地，河水与河岸，界限分明，一目了然。而海流在茫茫大海中，海流的"两岸"依然是滔滔的海水，界限不清，难以辨认。洋流按成因分大致可以分为三类：风海流、密度流、补偿流。其中密度流的形成和海水密度有关。海流按其水温低于或高于所流经的海域的水温，可分为寒流和暖流两种，前者来自水温低处，后者来自水温高处。表层海流的水平流速从几厘米/秒到300厘米/秒，深处的水平流速则在10厘米/秒以下。铅直流速很小，从几厘米/天到几十厘米/时。海流以流去的方向作为流向，恰和风向的定义相反。

风海流由风引起。风推动海水随风漂流，并且使上层海水带动下层海水流动，这样形成的大规模洋流就是风海流，亦称"吹送流""漂流"，世界大洋表层的海洋系统，按其成因来说，大多属于风海流。密度流在密度差异作用下引起。不同海域海水温度和盐度的不同会使海水密度产生差异，从而引起海水水位的差异，在海水密度不同的两个海域之间便产生了海面的倾斜，造成海水的流动，这样形成的洋流称为"密度流"。因为海水挤压或分散引起，当某一海区的海水减少时，相邻海区的海水便来补充，这样形成的洋流称为"补偿流"。补偿流既可以水平流动，也可以垂直流动。垂直补偿流又可以分为上升流和下降流，如秘鲁寒流属于上升补偿流。

洋流大洋中深度小于二三百米的表层为风漂流层，行星风系作用在海面的风应力和水平湍流应力的合力与地转偏向力平衡后，便生成风漂流。行星风系风力的大小和方向，都随纬度变化，导致海面海水的辐合和辐散。一方面，它使海水密度重新分布而出现水平压强梯度力，当它和地转偏向力平衡时，在相当厚的水平层中形成水平方向的地转流；另一方面，在赤道地区的风漂流层底部，海水从次表层水中向上流动，或下降而流入次表层水中，形成了赤道地区的升降流。

大洋表层生成的风漂流，构成大洋表层的风生环流。其中，位于低纬度和中纬度处的北赤道流和南赤道流在大洋的西边界处受海岸的阻挡，其主流便分别转而向北和向南流动，由于科里奥利参量随纬度的变化(β效应)和水平湍流摩擦力的作用，形成流辐变窄、流速加大的大洋西向强化流。每年由赤道地区传输到地球的高纬地带的热量中，有一半是大洋西边界西向强化流传输的。进入大洋上层的热盐环流，在北半球由于和大洋

▲南极冰川

西向强化流的方向相同，使流速增大，但在南半球则因方向相反，流速减缓，故大洋环流西向强化现象不太显著。

大洋表层风生环流在南半球的中纬度和高纬度地带，由于没有大陆海岸阻挡，形成了一支环绕南极大陆连续流动的南极绕极流。在大洋的东部和近岸海域，当风力长期地、几乎沿海岸平行地均匀吹刮时，一方面生成风漂流，发生海水的水平辐合和辐散而出现上升流和下降流；另一方面因海水在近岸处积聚和流失而造成海面倾斜，发生水平压强梯度力而产生沿岸流，形成沿岸的升降流。

大洋上的结冰、融冰、降水和蒸发等热盐效应，造成海水密度在大范围海面分布不均匀，可使极地和高纬度某些海域表层生成高密度的海水，并下沉到深层和底层。在水平压强梯度力的作用下，做水平方向的流动，并可通过中层水底部向上再流到表层，这就是大洋的热盐环流。

洋流大洋西向强化流在北半球向北(南半球向南)流动，而后折向东流，至某特定地区时，流动开始不稳定，流轴在其平均位置附近发生波状的弯曲，出现海流弯曲(或蛇行)现象，最后形成环状流而脱离母体，生成了中央分别来自大陆架的冷水的冷流环和来自海洋内部的暖水的暖流环。这是一类具有中等尺度的中尺度涡。此外，在大洋的其他部分，由于海流的不稳定，也能形成其他种类的中尺度涡。这些中尺度涡集中了海洋中很大一部分能量，形成了叠加在大洋气候式平均环流场之上的各种天气式涡旋，使大洋环流更加复杂。

在海洋的大陆架范围或浅海处，由于海岸和海底摩擦显著，加上潮流特别强等因素，便形成颇为复杂的大陆架环流、浅内海环流、海峡海流等浅海海流。

　　南极被称为第七大陆，是地球上最后一个被发现、唯一没有土著人居住的大陆。南极大陆边缘的一个很窄范围内，在极地东风的作用下形成一支自东向西绕南极大陆边缘的小环流，这就是人们常说的极地东风环流。东风环流与南极绕极流间，形成南极辐散带；与南极大陆间形成海水沿陆架的辐聚下沉，即南极大陆辐聚区，亦是南极陆架表层海水下沉的动力学原因。

　　在南纬40°～60°的很强的西风环流，使南极地区的周围形成了一个极其特殊的风的"屏壁"，从而大大地阻碍了热带地区的暖气流进入南极洲。同时它的海流也环极绕行，不受大陆所阻。

　　总的来说，南极主要流型是巨大的南极绕极流。除南极沿岸一小股流速很弱的东风漂流外，其主流是自西向东运动的西风漂流，是宽阔、深厚而强劲的风生漂流，南北跨距在南纬35°～65°，与西风带平均范围一致，其深度是自海面到海底的整个水层。由于西风并非绝对稳定，陆块之间距离在某些地方明显缩小、海底地形起伏以及地球自转的偏向力作用，使整个环流未能出现纯纬向运动。南美大陆的南伸和南极半岛构成了该环流的主要障碍。南美大陆南端迫使环流北侧的一部分水流沿智利海岸北上，使另一部分流向东南；南极半岛西海岸的走向则迫使环流南侧的水

▲海中小岛

流改向东北。流向东南和东北的两股水流在德雷克海峡汇合并向东急速穿过该海峡。海峡东面，一条支流转向北，形成福克兰海流，主流仍继续向东。澳大利亚和塔斯马尼亚岛也构成障碍，但不像德雷克海峡那样重要。当绕极流接近所有海岭时，流速加快且转向北；当接近所有海盆时，海流减速且转向南。平均流速约15厘米/秒，在流速最快的德雷克海峡处，曾测得50～100厘米/秒的流速。尽管流速不大，但随深度减弱很小，导致南极绕极流有巨大的流量。

可
用
来
发
电
的
洋
流

海洋是个巨大的能源宝库，由海水流动引起的洋流也蕴藏着各种能源。洋流的宽度从数十千米到数百千米不等，最宽可达数千千米，一般流速每昼夜为20～70千米。世界上最强大的海流是墨西哥湾暖流，流速每昼夜可达130千米。流经我国海域的黑潮，流速每昼夜也达90千米。它们携带的水量非常巨大，以黑潮为例，其流量相当于世界所有河流总流量的20倍。海流不仅流量大，而且流速稳定，所以蕴藏着巨大的能量。据估算，世界大洋海流能的总蕴藏量为50亿千瓦，我国海域的海流能蕴藏量为0.2亿千瓦。洋流能如此丰富，我们人类应该充分利用好它。既然风力可以发电，水力也可以发电，人们坚信以洋流的力量同样也可以发电。

在所有的洋流中，尤其以美国的墨西哥湾流最为著名。墨西哥湾流宽60～80千米，厚700米，总流量

▲碧海蓝天

达到7 400万到9 300万立方米/秒，比世界第二大洋流——北太平洋上的黑潮要大将近1倍，比陆地上所有河流的总量超出80倍。若与我国的河流相比，它大约相当于长江流量的2 600倍，或黄河的57 000倍。

伍兹霍尔海洋研究所的研究人员大卫·陆德指出，墨西哥湾流在风力、地球自转和朝向北极前进的热量的驱使下，能够带来等同于美国发电能力2 000倍的能量。若能成功利用这股强大的洋流，驱动设置在海底的涡轮发电机，就足以产生相当于10座核能发电厂的电能，满足佛州三分之一的电力需求。

佛罗里达大西洋大学海洋科技中心主任德里斯柯说："佛罗里达是世界上发展洋流发电的首选之地，因为这里常年都有强大的洋流。在这里建立的洋流发电厂可以全天候发电，一年到头都可发电。"但是，由于洋流发电相关技术还不成熟，不但建设电厂的经费无法估算，一些未知因素和可能造成的危险尚待克服，比如，海底运转的涡轮机螺旋桨有可能让鱼类和其他生物致死。如果洋流发电厂不能解决生态问题，它将会遭受动物爱好者的反对。

美国西岸的加利福尼亚州洋流不充沛，那里的研究人员因而转向海浪发电。加拿大一家电力公司将与北加州的电力公司合作，建造一座发电量达2 000千瓦的海浪发电农场，届时将供应600户家庭用电，但电力公司希望最终可以提供3万户家庭的用电。

美国电力研究中心在一项报告中分析，海浪与潮汐发电将可满足6.5%的电力需求。未来若是洋流、海浪与潮汐发电技术纯熟，将不失为临海国家发展海洋发电的福音。海洋发电的支持者表示，海洋发电即便不能供应所有能源的需求，但也是一种非常值得考虑的低污染、取之不尽的能源来源。

岛屿

　　四面环水并在高潮时高于水面的自然形成的海中陆地被称为"岛屿"。我国海域辽阔，分布着大大小小6 500多个（面积大于500平方米）风光绮丽、物产丰富的海洋岛屿，还有很多的礁滩和沙洲。这些岛屿构成一个环绕我国大陆的弧形链带，形成一条海上的天然屏障。

　　我国的海上岛屿，大多为近岸岛屿。较大的岛屿有台湾岛、海南岛、崇明岛、舟山岛等；群岛有长山、庙岛、嵊泗、舟山、澎湖、钓鱼、万山、西沙、东沙、中沙和南沙等群岛。其中有人居住的岛屿有400多个，总计人口约453万（不含台湾、香港和澳门）。按行政区划分类，有两个海岛省，即台湾省与海南省；一个海岛地级市，即浙江省舟山市；16个海岛县。

海洋岛屿及其类型

　　世界海洋中岛屿成千上万，但是到目前为止，都还没有一个精确的统计。各国岛屿的标准不尽相同，有的国家从未公布过岛屿数量，准确统计海岛数很难。总的来说，海岛数量多，并且类型也各异。

　　海岛按成因可分为大陆岛、火山岛、珊瑚岛和冲积岛。

　　大陆岛位于大陆附近，基础固定在大陆架或大陆坡上，原为大陆的一部分，由于地壳发生运动，它们和大陆之间出现了断裂沉陷地带，因而变成了和大陆隔海相望的岛屿，如我国的台湾岛、海南岛，非洲的马达加斯加岛等。有时大陆由于受到地球张力的作用，可以产生一些很深很大的裂缝，来自地下深处的物质挤了进来，将裂缝逐渐撑开，形成新的海底，而那些分裂出去的大陆的碎块，便成了远离大陆的岛

▲俯瞰海洋

屿，如世界第一大岛格陵兰岛就是这样从欧洲大陆分离出去的。此外，地球气候变暖，冰雪消融，使整个海洋水量增加，海面升高，于是大陆边缘的低凹部分就会被淹没，这时没有被淹没的那些高地、山峰就变成了岛屿，如北冰洋中的许多岛屿。这些成因形成的岛屿均被称为"大陆岛"。世界上多数岛屿都为大陆岛。

还有许多岛屿，原先与大陆没有关系，是海底火山喷出的熔岩和碎屑物质在海底沉积而成的。这些岛屿被称为"火山岛"，如夏威夷群岛就是一群火山出露在海面上形成的。

生活在温暖的海水里的珊瑚虫也是岛屿的积极建设者。珊瑚虫能不断分泌出一种石灰质特质，数以亿计的珊瑚虫分泌出的石灰质特质连同它们的遗骸，形成了珊瑚岛，如我国的西沙群岛、南沙群岛。

此外，还有一些岛屿是在大河入海处，由河水中夹带的泥沙冲积而成的，被称为"冲积岛"，如我国的崇明岛等。

全球岛屿总数达5万个以上，总面积约为997万平方千米，大小几乎和我国国土面积相当，约占全球陆地总面积的1/15。从地理分布情况看，世界七大洲都有岛屿。所以，岛屿在地理环境中有着重要的作用。

相伴而生的岛弧和海沟

　　岛弧与海沟犹如海洋里的孪生兄弟，相伴而生。人们把海洋中的许多呈弧形分布的岛屿称为岛弧。岛弧的分布以太平洋西部海域为多，如阿留申群岛、千岛群岛、日本群岛、琉球群岛、台湾岛及附近岛屿、菲律宾群岛等。有意思的是，在这些岛弧靠近大洋的一侧，往往还伴生有一系列与岛弧呈相互平行状态的深邃而狭长的海沟。而且岛弧上的山峰越高，邻近的海沟也就越深。

　　这些海底最深的地方，并不是在大洋的中央。全球20多条水深在7 000米以上的海沟，大都坐落在大洋的边缘，而且绝大多数环绕在太平洋周围地带。海沟与大洋边缘的岛弧常常相互配对，形影相随。如在太平洋西部岛弧的东侧，就有与岛弧平行排列着阿留申海沟、千岛海沟、日本海沟、琉球海沟、马里亚纳海

▲天海一色

沟、菲律宾海沟等。

经过大量的研究，科学家们认为岛弧和海沟的平行并存是大洋地壳和大陆地壳相互碰撞时，大洋地壳倾没于大陆地壳之下的结果。如太平洋地壳，厚度小而密度大，所处的位置又相对较低，在海底扩张的作用下，与东亚大陆地壳相碰撞时，太平洋地壳便俯冲入东亚大陆地壳之下，从而使大洋一侧出现深度巨大的海沟。同时，大陆地壳的继续运动使它前缘的表层沉积物质相互叠合到一起，形成了岛弧。

海沟与岛弧共生的现象是如何形成的？按照板块学说的解释，由于这两种地壳的相对运动速度较大，所以碰撞后形成的海沟深度就大，而岛弧上峰岭的高度也大。因此，可以说岛弧和海沟是在同一种地壳运动中形成的，它们的成因和起源是相同的，它们的产生都与板块移动有关。科学家们把地球上的海沟和岛弧看成是两个板块相互碰撞的产物。板块学说是这样解释岛弧的形成的：受海底扩张力的推动，两个板块发生相撞，同时产生了一个板块插入另一个板块的现象。这时，被插入的板块自然遇到来自另一个板块的极大抬升力，其结果必然使地壳被高高地抬起。这样，在海沟前便形成了隆起的成串的岛屿。因为这些岛往往分布在一条圆弧线上，所以才有"岛弧"的称呼。在海沟与岛弧附近，挤压性的地应力极强，因此这一地带经常发生地震也就比较容易理解了。

关于海沟与岛弧的关系还有不少问题有待进一步研究。比如，海沟——岛弧系形成的时间，海沟——岛弧系随着时间的推移还会发生什么变化，"海沟——山弧系"与"海沟——岛弧系"在成因上有什么不同，等等，这些都需要更加精细的科学研究才能解释。

火山造成的岛屿

　　有许多岛屿，原先不是陆地，它们是海底火山喷出的熔岩和碎屑物质在海底沉积而成的。如太平洋中的夏威夷群岛就是一群火山出露在海面上形成的。这些岛屿被称为"火山岛"。

　　我国的火山岛较少，总数不过百十个，主要分布在台湾岛周围，在渤海海峡、东海陆架边缘和南海陆坡阶地仅有零星分布。台湾海峡中的澎湖列岛（花屿等几个岛屿除外）是以群岛形式存在的火山岛；台湾岛东部陆坡的绿岛、兰屿、龟山岛，北部的彭佳屿、

▲出海

棉花屿、花瓶屿，东海的钓鱼岛等岛屿，渤海海峡的大黑山岛，细沙中的高尖石岛等则都是孤立海中的火山岛。它们都是第四纪火山喷发而成，形成这些火山岛的火山现都已停止喷发。

火山喷发的熔岩一边堆积增高，一边四溢流淌，使火山岛形成中间呈圆锥形的地形，被称为"火山锥"。它的顶部为大小、深浅、形状不同的火山口。有许多火山喷发的地方都形成崎岖不平的丘陵。我国的火山岛主要是玄武岩和安山岩火山喷发形成的。玄武岩浆黏度较稀，喷出地表后，四溢流淌，由此形成的火山岛的坡度较缓，面积较大，高度较低，其表面是起伏不大的玄武岩台地，如澎湖列岛。安山岩属中性岩，岩浆黏度较稠，喷出地表后，流动较慢，并随温度降低很快凝固，碎裂的岩块从火山口向四周滚落，形成地势高峻、坡度较陡的火山岛，如绿岛和兰屿。如果火山喷发量大，次数多，时间长，自然火山岛的高度和面积也就增大了。

火山岛形成后，经过漫长的风化剥蚀，岛上岩石破碎并逐步土壤化，因而火山岛上可生长多种植物。但因成岛时间、面积大小、物质组成和自然条件的差别，火山岛的自然条件也不尽相同。澎湖列岛上土地瘠薄，常年狂风怒号，植被稀少，岛上景色单调。绿岛上地势高峻，气候宜人，树木花草布满山野，景象多姿多彩。

板块运动论认为：由于板块运动，海底各板块结合处裂谷溢出的熔岩流，以后逐渐向上增高，形成了海底火山。海底火山在喷发中不断向上生长，会露出海面形成火山岛。

例如1796年，太平洋北部阿留申群岛中间的海底，火山不断喷发，熔岩越积越多，几年后，一个面积30平方千米的火山岛就出现在海面上。在距离澳大利亚东岸约1 600千米的太平洋上，有一个小岛，叫作法尔康岛。

1915年这个小岛突然消失，但是，11年后它又重新冒出海面。这个失而复得的法尔康岛就是由海底火山喷发和波浪作用造成的。

海底火山喷发时，当岩浆从地底下上升到地表喷发时，碰到厚层的海水会快速冷却形成玻璃质的岩石，这是海底火山喷发的特色产物。火山若在深海的环境，岩浆喷发速度够快且量大时，将形成厚层块状的熔岩流，如大部分海底中洋脊的喷发。若岩浆喷出的速度较慢，则形成枕状熔岩。在浅海的环境中喷发，岩浆将会与海水作用，发生水成火山喷发，产生较剧烈的喷发作用，形成枕状角砾岩和玻璃凝灰岩。

不久前，太平洋所罗门群岛的泰特帕雷岛附近的一座海底火山喷发。火山喷出的岩浆和气体直冲到海面以上70米的空中，并且在海中形成了一个新的岛屿。一些澳大利亚科学家目睹了这一罕见的造岛过程。

在陆上喷发的中性安山岩岩浆，若岩浆中含有较多的气体，将发生剧烈的喷发。如1991年菲律宾皮纳吐坡火山的喷发，火山喷发柱的高度可达到20千米的高空，产生大量的火山灰和火山碎屑流的堆积。而若岩浆中所含的气体较少时，将以较温和的形式喷发。

因中性岩浆的黏滞性较大，除了部分产生熔岩流流出火山口外，大部分会以熔岩丘的方式喷发出来，如1991年日本的云仙火山，火山喷发当时，安山岩质的岩浆如挤牙膏的方式，在火山口附近，形成垂直高约200米的熔岩丘，因熔岩丘的角度过大而发生崩塌，形成火山碎屑岩的堆积。陆上喷发的岩浆在地表上流动时，容易与空气中的氧气起反应，发生热氧化作用，在岩石表面形成红棕色的特征。

地球表面的板块是因为三次超级火山的爆发和岩浆蔓延所造成的结果。对于火山岛的形成原因和过程，还有很多待我们人类去研究探索的地方。

大西洋的百慕大三角区是一个传奇的美丽海域，那里阳光明媚，美妙绝伦。百慕大三角区位于佛罗里达半岛，百慕大群岛和波多黎各岛之间。然而这个美丽海域却是人们谈其色变的"魔鬼三角"。

"魔鬼三角"名称的由来，源于一场事故。1945年12月5日，美国19飞行队在训练时突然失踪，由于当时预定的飞行计划是一个三角形，后来人们便把美国东南沿海的西太平洋上，北起百慕大，延伸到佛罗里达州南部的迈阿密，然后通过巴哈马群岛，穿过波多黎各，到西经40线附近的圣胡安，再折回百慕大的一个三角地区，称为"百慕大三角区"或"魔鬼三角"。在这个地区，仅自20世纪50年代以来，已有数以百计的船只和飞机失事，先后有上百架飞机、200多艘轮船在这个海域里销声匿迹，数以千计的人在此丧生。更使人奇怪的是，事故常常突如其来，有的飞机前一秒钟还与控制中心保持正常联系，一秒钟后就消失得无影无踪了。

"魔鬼三角"海区屡次出现众多的离奇现象的原因到底是什么，魔力何在呢？有人认为是大气层中存在一种急流旋涡，出没无常且没有任何征兆，导致飞机遇难；还有人认为是电磁激变干扰电源，因为磁变会改变地球磁场，也许还会改变地球引力；还有人觉得这是空中的反旋风和水中的下沉涡流造成的。甚至

▲岸边的礁石

有人猜测这些失踪是由于超自然的原因造成的，联想到是否是外星人乘飞碟探索地球时干的。飞碟具有强大的电磁能，在飞碟周围形成一个真空区把船、飞机等吸进去立刻化为碎片。这一学说虽是一种富于幻想的假说，但也不能完全排除它的可能性。甚至还有人提出泡沫说、晴空湍流说、水桥说、黑洞说等，用一些奇异的自然现象来解释百慕大"魔鬼三角"。总之，众说纷纭，莫衷一是。

最近，英国地质学家，利兹大学的克雷奈尔教授提出了新观点。他认为：造成百慕大海域经常出现沉船或坠机事件的元凶是海底产生的巨大沼气泡。在百慕大海底地层下面发现了一种由冰冻的水和沼气混合而成的结晶体。当海底发生猛烈的地震活动时，埋在地下的块状晶体被翻了出来，因外界压力减轻，便会迅速气化。大量的气泡上升到水面，使海水密度降低，失去原来所具有的浮力。恰逢此时经过这里的船只，就会像石头一样沉入海底。如果此时正好有飞机经过，当沼气遇到灼热的飞机发动机，无疑会立即燃烧爆炸，荡然无存。与此相反，有些人认为这些奇特的失踪现象彼此间并无联系，因而也就否定百慕大"魔鬼三角"的存在。百慕大这层神秘的面纱何时才能揭开，还有待后人的研究验证。

当然，"魔鬼三角"的魔力可能还有其他原因，只要我们用科学的方法去探索其中的奥秘，或许这个谜底很快便能揭开。

世界之最岛屿篇

最大的岛屿——格陵兰岛

格陵兰岛是世界上最大的岛屿，位于北美洲东北、北冰洋和大西洋之间。面积217.56万平方千米。人口数约5.4万（1982年），主要分布在西部和西南部，因纽特人占多数。首府戈特霍布。全岛2/3在北极圈以北，气候凛冽，仅西南部无永冻层。格陵兰岛5/6的土地为冰所覆盖，中部最厚达3 411米，平均厚度接近1 500米，为仅次于南极洲的现代巨大大陆冰川。矿产以冰晶石最负盛名。

最大的河中岛——巴纳纳尔岛

巴纳纳尔岛又名"香蕉园岛"，是世界上最大的河中岛，位于巴西托坎廷斯，面积达20 000平方千米。巴西中部的托坎廷斯州岛屿，因阿拉瓜亚河有320千米长的河段分成东西两汊而形成。岛上有巴巴苏棕、热带鸟类和淡水鱼，住有苏亚印第安人。

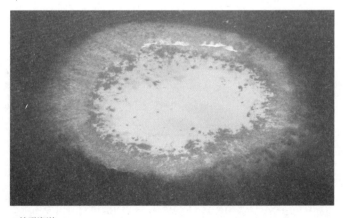

▲俯瞰海洋

最大的岛上湖中岛——沙摩西岛

沙摩西岛是最大的岛屿苏门答腊岛上多巴湖内的湖中岛。位于苏门答腊岛上的多巴湖为印度尼西亚最大的淡水湖，于3万年前形成，长45千米，宽20千米，全岛面积530平方千米，约与新加坡相等，约占湖面的1/2，有一地峡连接湖西岸，地峡上有该岛主要城镇邦古鲁兰。岛的东部海拔1 630米，湖面海拔911米。地峡上的多洛普苏武吉山被认为是第一批巴塔克人的故乡。

最大的湖中岛——马尼图林岛

马尼图林岛位于加拿大安大略省的休伦湖中，面积为2 766平方千米，是世界上最大的湖中之岛。它长130千米，岛形极不规则，岛上湖沼众多，其中有一个叫马尼图林湖，面积为106.42平方千米，是世界最大的湖中之湖。"马尼图林"一词，印第安语意为"精灵"，可能土著居民认为湖中有岛，岛上有湖，系为"精灵"藏身之地。

最大的沙质岛——芬瑟岛

芬瑟岛为世界上最大的沙质岛，总面积有1 630平方千米，在1992年被列为世界遗产之一。目前归属澳洲马里伯勒市，由赫维湾市议会维护。此岛位于澳洲东岸，昆士兰省重要城市布里斯本北方250千米处。芬瑟岛与澳洲大陆中间隔有大砂海峡。南端的起点为库罗拉镇，从大砂区域开始往北延伸约175千米，最宽处约有25千米，最高点为海拔260米。

最大的陨石坑类湖中岛——连尼尼华撒拉岛

连尼尼华撒拉岛是最大的陨石坑类湖中岛，位于加拿大魁北克省，面积达2 020平方千米。

最大的河口冲积岛和最大的沙岛——崇明岛

崇明岛是世界上最大的河口冲积岛，也是世界上最大的沙岛。地处长江口门户的崇明岛是中国第三大岛，成陆已有1 300多年的历史，现有面积1 267平方千米，户籍人口63.5万人。全岛地势平坦，土地肥沃，林木茂盛，物产富饶，是有名的鱼米之乡。崇明岛东濒东海，南与浦东新区、宝山区和江苏省太仓市隔江相望，北同江苏省海门、启东两市一水之隔。总面积1 411平方千米。形如一春蚕，东西长，南北狭。在它的旁边还有横沙、长兴两岛。

最大的完全被淡水包围的岛——马拉若岛

马拉若岛位于南美洲巴西的亚马孙河河口，是世界上最大的完全被淡水包围的岛，也是世界上最大的冲积岛。北为亚马孙河主流，南为帕拉河。长295千米，宽约200千米，面积达4.8万平方千米，人烟稀少。东部热带稀树草原饲养牛和水牛。每年雨季半个岛被洪水淹没，牛群退上高地。有许多有考古价值的土丘，内有大量类似哥伦布登陆前安地斯文化的陶器。索雷是一座现代化城镇和海滨游览地。昼夜均有渡船到州首府贝伦。

最大的半岛——阿拉伯半岛

阿拉伯半岛位于亚洲和非洲之间，它从中东向东南方伸入印度洋。面积约322万平方千米，是世界上最大的半岛。向西与非洲的边界是苏伊士运河、红海和曼德海峡；向南伸入阿拉伯海和印度洋；向东与伊朗隔波斯湾和阿曼湾相望。沙特阿拉伯、也门、阿曼、阿拉伯联合酋长国、卡塔尔、科威特、约旦、伊拉克位于阿拉伯半岛上，其中以沙特阿拉伯为最大。

地势最高的岛屿——新几内亚岛

新几内亚岛是太平洋第一大岛屿和世界第二大岛（仅次于格陵兰岛），又称"伊里安岛"。位于西太平洋的赤道南侧，西与亚洲东南部的马来群岛毗邻，南隔阿拉弗拉海和珊瑚海与澳大利亚大陆东北部相望。在东经141°以东及新不列颠、新爱尔兰等岛屿为独立国家巴布亚新几内亚；

东经141°以西及沿海岛屿为印度尼西亚的一省，称伊里安查亚。全岛两部分接触极少，两国于1979年签订的边境条约禁止人民到边境地区居住。

唯一分属三国的岛屿——加里曼丹岛

加里曼丹岛也译作婆罗洲，是世界第三大岛，位于东南亚马来群岛中部，西为苏门答腊岛，东为苏拉威西岛，南为爪哇海、爪哇岛，北为南中国海，面积为73.4万平方千米千米，人口1250万（1990年）。北部为马来西亚的沙捞越和沙巴两州，两州之间为文莱。南部为印度尼西亚的东、南、中、西加里曼丹四省。中国史籍称为"婆利""勃泥""渤泥""婆罗"等。山脉从内地向四外伸展，东北部较高，有东南亚最高峰基纳巴卢山，海拔4 102米。地形起伏和缓，雨量丰沛，多分头入海的大河。

人口最多的岛屿——爪哇岛

爪哇岛是世界上人口最多的岛屿。位于东南亚，爪哇海以南，努沙登加拉群岛以西，东部、南部与印度洋相接，是马来群岛重要的岛之一。爪哇岛仅系印度尼西亚共和国的第四大岛，但拥有全国人口的一半以上，而且在政治上和经济上均处支配地位。面积为132 187平方千米(包括近海的马都拉岛)。

地球上人均寿命最短的岛屿——岛国瑙鲁

瑙鲁位于南太平洋中西部的密克罗尼亚西群岛中，是有"天堂岛"之称的最小的岛国。瑙鲁无正式首都，这个太平洋上的岛国，位于赤道以南60千米，面积只有21.1平方千米，人口中58%为瑙鲁人。他们的平均寿命只有55岁。瑙鲁人是密克罗尼亚人的一支，为马来人、美拉尼西亚人和波利尼西亚人的混合类型。它为一个椭圆形珊瑚岛，全岛长6千米，宽4千米，最高海拔70米。全岛3/5被磷酸盐所覆盖。属热带雨林气候。瑙鲁的经济主要依靠开采和出口磷酸盐。

全球九大古怪岛屿

1.旋转岛

据说有一艘希腊货轮在一次远航途中，发现离船1 000米远的海面上，有个不断旋转的庞然大物。起初，他们以为是遇上了超级海兽，吓得船长和水手们束手无策。后来驶近了才看清楚，原来是个小岛。据测算，这个小岛旋转速度很快，最快时每分钟转一周，最慢时12分钟转一圈。这个大洋中的孤岛，何以会旋转？一些研究者多次前往考察，但时至今日，还没有得出一个满意的答案。

2.能分能合的岛

在浩瀚的太平洋，有一个非常奇异的小岛。有时小岛自行分离成两个小岛，有时又会自动合成一个小岛。分开和合拢的时间没有规律，少则1至2天，多则3至4天。分开时，两部分相距4米左右，合并时又成为一个整体。

3.死神岛

在加拿大东岸，有一个不毛孤岛叫世百尔岛。岛上草不生长，鸟不歇脚，没有任何植物，光秃秃的，

▲美丽的珊瑚

只有坚硬无比的青石头。奇怪的是每当海轮驶近小岛附近，船上的指南针便会突然失灵，整只船就像着了魔似的被小岛吸引过去，最后触礁沉没，好像有死神在操纵。许多航海家望岛生畏，叫它"死神岛"。

4.会啼哭的岛

在太平洋中，有一个方圆不过几千米的荒漠小岛，无论白天黑夜，都会发出哭哭啼啼的声音，那声音有时像众人号啕，有时像鸟兽悲鸣，好不凄凉。过往船只途经此地，船员们无不感到奇怪、恐慌，甚至伤心落泪。究竟小岛为什么会昼夜啼哭，至今没有人能解释清楚。

5.会"旅行"的岛

在加拿大东南的大西洋中，有个叫塞布尔的岛。这个岛十分古怪，会移动位置，而且移得很快，仿佛有脚在走。每当洋面刮大风时，它就会像帆船一样被吹离原地，作一段海上"旅行"。该岛东西长40千米，南北宽1.6千米，面积约80平方千米，呈月牙形。由于海风日夜吹送，近200年来，小岛已经向东"旅行"了20千米，平均每年移动100米。塞布尔岛还是世界上最危险的"沉船之岛"，在这里沉没的海船，先后达500多艘，丧生的人计5 000多名。因此，这一带海域，被人们称为"大西洋墓地""毁船的屠刀""魔影的鬼岛"等。

在南半球的南极海域，也有一个会"旅行"的岛，叫布维岛。在不受风浪的影响下，它会自动行走。1793年，法国探险家布维第一个发现此岛，并测定了它的准确位置。谁知，经过100多年，当挪威考察队登上该岛时，这个面积为58平方千米的海岛，位置竟西移了2.5千米，究竟是什么力量促使它"离家"旅行的，至今仍是个谜。

6.幽灵岛

1831年7月10日，在南太平洋汤加王国西部海域中，由于海底火山爆发而突然冒出一个小岛来，随着火山的不断喷发，它逐渐形成一座高60多米、方圆近5千米的岛屿。然而，当人们还在谈论它并有所打算时，它却像幽灵一样消失在洋面上。过了几年，当人们对它早已忘得一干二净时，它又像幽灵一样从海中露了出来。据史料记载，1890年，它高出海面49米，1898年时，它又沉没在水下7米。1967年12月，它再一次冒出海面，可到了1968年，它又消失得无影无踪。就这样，这个岛多次出现，多次消失，变幻无常。1979年6月，该岛又从海上长了出来。据科学家预测，如果今后火山不再喷发，该岛仍有可能沉没、消失。由于小岛像幽灵一样在海上时隐时现，所以人们把它称为"幽灵岛"。

在日本宫古岛西北20千米的海面上，也有一个幽灵似的小岛，面积150平方千米。可惜一年当中只有潮水变化最大的一天才肯露出海面，而且仅仅3个小时，其他时间则一概看不到它。

7.沙尘积成的岛

在20多万个海岛中，主要由尘土堆积成的海岛是太平洋中部的夏威夷岛。提出这个推论的是以马里兰大学威廉斯·佐勒博士为首的一些科学家，他们通过对夏威夷岛的土质分析和气象研究，发表了一个令人吃惊的论点，夏威夷岛的大部分是由中国吹来的沙尘所形成。这位博士解释说，在中国，每年春天是沙尘暴频繁的季节，大量的尘埃被驱出中国大沙漠，它们在空中形成宽达数百英里的浓云。这个巨大的云层被劲风吹越过北太平洋到达阿拉斯加海湾，尔后向南移动，最后落到夏威夷附近，年复一年形成了这个岛屿。

8.天然美容岛

意大利南部有个巴尔卡洛岛，很早以前，由于岛上火山爆发，熔岩流到山下形成泥浆，积在十几个池子里。这些泥浆能洁白和滋润肌肤，使之嫩滑雪白，还能缓解妇女的腰痛并具有减肥作用，因此获得"天然美容岛"之称。

巴尔卡洛岛的美容功能吸引了国内外成千上万个爱美的游客。每当夏日，岛上十几个泥浆池里，挤满了世界各地慕名而来的人。数不清的男男女女，老老少少，在泥浆里滚来爬去，往身上、脸上涂抹泥浆，以使自己的皮肤更白嫩，更细腻。

9.企鹅岛

离南极洲不远的马尔维纳斯群岛，由于英阿之争而闻名环宇。但许多人也许不知道，这个岛还是企鹅的天堂，最多时曾聚居过上千万只企鹅。世界上17个不同品种的企鹅，在该岛栖息的就有5种。

海洋的运动

广阔无垠的海洋,永远处于不停的运动之中。海洋运动有三种主要形式:波浪、潮汐和洋流。它们分别影响着全球气候、航船事业、渔业等,同时,这些运动也会造成海啸和厄尔尼诺现象,造福人类的同时也给人类带来了灾难。可见,认识海洋的运动十分重要。

海啸

当地震发生于海底，因震波的动力而引起海水剧烈的起伏，形成强大的波浪，向前推进，将沿海地带一一淹没的灾害，称之为"海啸"。海啸是一种具有强大破坏力的海浪。水下地震、火山爆发或水下塌陷和滑坡等大地活动都可能引起海啸。

我国学者发现，在公元前47年(即西汉初元二年)和公元173年(东汉熹平二年)，古籍中就记载了莱州湾和山东黄县海啸。这些记载曾被国外学者广泛引用，并认为是世界上最早的两次海啸记载。全球的海啸发生区大致与地震带一致。全球有记载的破坏性海啸大约有260次，平均每六七年发生一次。发生在环太平洋地区的地震海啸就占了约80%。而日本列岛及附近海域的地震海啸又占环太平洋地区地震海啸的60%左右，日本是全球发生地震海啸最多并且受害最深的国家。

回溯历史，海啸造成了众多耸人听闻的灾难，在几乎所有的海洋灾难中称凶霸道。海啸的破坏力也很大，它可以时速达到每小时700千米，能够席卷海洋，吞噬掉整座城市，并且带走人们的生命。

海啸通常由震源在海底下50千米以内、震级在里氏6.5级以上的海底地震引起。海啸波长比海洋的最大深度还要大，在海底附近传播也没受多大阻滞，不管海洋深度如何，波都可以传播过去，海啸在海洋的传播速度每小时500～1000千米，而相邻两个浪头的距离

▲海浪

也可能远达500~650千米，当海啸波进入陆棚后，由于深度变浅，波高突然增大，它的这种波浪运动所卷起的海涛，波高可达数十米，并形成"水墙"。

由地震引起的波动与海面上的海浪不同，一般海浪只在一定深度的水层波动，而地震所引起的水体波动是从海面到海底整个水层的起伏。此外，海底火山爆发，土崩及人为的水底核爆也能造成海啸。此外，陨石撞击也会造成海啸，"水墙"可达百尺。而且陨石造成的海啸在任何水域都有机会发生，不一定在地震带。不过陨石造成的海啸可能千年才会发生一次。

海啸同风产生的浪或潮是有很大差异的。微风吹过海洋，泛起相对较短的波浪，相应产生的水流仅限于浅层水体。猛烈的大风能够在辽阔的海洋卷起高度3米以上的海浪，但也不能撼动深处的水。而潮汐每天发生两次，它产生的海流跟海啸一样能深入海洋底部。但是海啸并非由月亮或太阳的引力引起，它由海下地震推动所产生，或由火山爆发、陨星撞击、水下滑坡所产生。海啸波浪在深海的速度能够超过每小时700千米，可轻松地与波音747飞机保持同步。虽然速度快，但在深水中发生的海啸并不危险，低于几米的一次单个波浪在开阔的海洋中其长度可超过750千米，这种作用产生的海表倾斜如此之细微，以致这种波浪通常在深水中不经意间就过去了。海啸是静悄悄地不知不觉地通过海洋，然而如果出乎意料地在浅水中它会达到灾难性的高度。

地震发生时，海底地层发生断裂，部分地层出现猛然上升或者下沉，由此造成从海底到海面的整个水层发生剧烈"抖动"。这种"抖动"与平常所见到的海浪大不一样。海浪一般只在海面附近起伏，涉及的深度不大，波动的振幅随水深衰减很快。地震引起的海水"抖动"则是从海底到海面整个水体的波动，其中所含的能量惊人。

海啸时掀起的狂涛骇浪，高度可达10多米至几十米不等，形成"水墙"。另外，海啸波长很大，可以传播几千千米而能量损失很小。由于以上原因，当海啸到达岸边时，"水墙"就会冲上陆地，对人类生命和财产造成严重威胁。

黑潮是世界海洋中第二大暖流，因为它的海水看似蓝若靛青，所以被称为"黑潮"。其实，它的本色清白如常。由于海的深沉，水分子对折光的散射，藻类等水生物的作用等，黑潮外观上好似披上黛色的衣裳。

黑潮是由太平洋北赤道流在菲律宾群岛以东向北流动的一个分支延续而来。黑潮由北赤道发源，经菲律宾，紧贴中国台湾东部进入东海，然后经琉球群岛，沿日本列岛的南部流去，于东经142°、北纬35°附近海域结束行程。其中在琉球群岛附近，黑潮分出一支来到中国的黄海和渤海。位于渤海的秦皇岛港冬季不封冻，就是受这股暖流的影响。它的主支向东，一直可追踪到东经160°；还有一支先向东北，与亲潮（亦称"千岛寒流"）汇合后转而向东。黑潮的总行程有6 000千米。

黑潮在自西向东流动中，沿途还汇合了其他水体，到达日本以南时，流速增强，流量增大，途径变异也最复杂。黑潮的途径和流轴位置，流幅和伸展深度，流速、流量以及热盐结构等，都无时不在变化之中。变化

黑潮的由来

▲宁静的海洋

101

周期从十几年、几年直到几小时，甚至更长或更短时间。其中，日本以南的黑潮，由于其途径曾多次出现周期为几年或十几年的大弯曲现象（日本学者称为"大蛇形"），并在远州滩外伴生大冷水团。黑潮大弯曲现象的持续性非常突出。在1934年至1980年的47年间竟有25年黑潮途径发生弯曲。

黑潮是一支强大的海流。夏季，它的表层水温达30℃，到了冬季，水温也不低于20℃。在我国台湾的东面，黑潮的流宽达280千米，厚500米，流速1节~1.5节(1节＝1.852千米/小时)；入东海后，虽然流宽减少至150千米，速度却加快到2.5节，厚度也增加到600米。黑潮流得最快的地方是在日本潮岬外海，一般流速可达到4节，不亚于人的步行速度，最大流速可达6节~7节，比普通机帆船还快。整个黑潮的径流量相当于1 000条长江。

黑潮与气候关系密切。日本气候温暖湿润，就是受惠于黑潮环绕。我国青岛与日本的东京、上海与日本九州纬度相近，而气候却有不少差异。当青岛人棉衣上身时，东京人还穿着秋装；当上海已是"昨夜西风凋碧树"时，九州的亚热带植物依然绿叶扶疏。这些都是由海洋暖流对大气的直接影响造成的。据科学家计算，1立方厘米的海水降低1℃释放出的热量，可使3 000多立方厘米的空气温度升高1℃。而海水又是透明的，太阳辐射能传至较深的地方，使相当厚的水层贮存着热量。假若全球100米厚的海水降低1℃，其放出的热能可使全球大气温度增加60℃。所以说，海洋长期积蓄着的大量热能，是一个巨大的"热站"，通过长期积蓄着的大量热能和能量的传递，不断影响着天气与气候的变化。然而，改造海洋暖流使气候变暖至今仍是"纸上谈兵"，能否可行并付诸实施，充分开发和利用海洋中积蓄着的热能，造福人类，还有待科学技术的发展和人类驾驭自然能力的提高，并将成为各国科学家亟待攻克的世纪难题。

海水除了受月球、太阳等天体引潮力作用产生周期性的潮汐运动外，还受到一些其他非天文因素的影响，时刻出现非周期性运动，使得大海时时处在激荡之中。

海面上的风时大时小地吹送着，这使表层海水被迫发生运移和堆积。风从远海向海岸吹来，将海水向岸边输送，使近岸水位升高；风从陆地向海上吹去，将海水带向远海，使岸边水位降低。高气压控制海域时，海面随之降低；低气压控制海域时，海面随之升高。海水蒸发使海洋损耗水分，蒸发量大时可使海面降低；较大的降水量使海洋增加水分，从而引起海面相应升高。这种由气象原因引起的局部海洋水面非周期性的升降现象，称为"气象潮"。

气象潮的振动周期通常在几分钟到几天不等。控制海面的天气系统较弱时，风和气压等气象要素变化比较平缓，海面高度起伏不大，振动幅度一般为数厘米，顶多数十厘米，对沿海没有多大影响；控制海面的天气系统强大时，情况就不同了，能引起特大气象潮。

特大的气象潮通常称为"风暴潮"，又叫"气象海啸"。它是由台风、热带风暴、温带气旋、强寒潮等天气系统的强风暴雨或气压骤变引起的海面异常升降现象，是沿海地区一种严重的自然灾害。在人类居住的黄金宝地——沿海，每当风暴潮出现时，便"翻江倒海大

气象潮与风暴潮

103

▲夕阳下的海滩

潮起，水漫金山浪涌来"，往往给人民的生命财产造成极大危害。

　　风暴潮是一种重力长波，周期为1～100小时，介于地震海啸和海洋潮汐之间，水位振动幅度可达数米；如果风暴潮与天文大潮叠加在一起时，水位变化幅度将更大。1969年8月17日，从大西洋登陆美国墨西哥湾沿岸的"卡米尔"飓风引起的风暴潮，水位升高7.5米，是全球迄今为止最高的风暴潮记录；1980年7月22日，我国广州湾南部出现的台风风暴潮，高达5.94米，为我国风暴潮的最高纪录，居世界第三位。

　　风暴到达之前，由于风暴潮的移动速度小于当地自由长波的速度，因此，会有先兆波到达岸边，引起沿岸海面缓慢升降，属初振阶段；风暴过境时，沿岸水位剧升，风暴潮位升到最高，并将持续数小时，此时为"主振阶段"；风暴离境后，尚有遗留下来的阻尼振动，振幅与初振阶段近似，此时称"余振阶段"。

　　风暴潮分为温带风暴潮和热带风暴潮。温带风暴潮多见于春秋季节的中纬度沿海，潮位变化相对稳定、连续，热带风暴潮常见于夏秋季节的沿海地区，特点是来势猛、速度快、强度大、破坏力极强。我国一年四季都会出现风暴潮，平均每年出现1米以上的风暴潮为14次。

潮汐是由于日月引潮力的作用，使地球上的海水产生周期性的涨落现象。它不仅可发电、捕鱼、产盐及发展航运、海洋生物养殖，而且潮汐预报在军事上也同样起着重要作用。不论是在舰艇的活动中，还是在登陆作战、布雷及水下武器使用等方面，都必须充分地考虑到水位的变化和潮流的涨落规律，尤其潜艇在水下航行和发射水下火箭时，对海中各层水流的复杂性更需关注。历史上就有许多成功利用潮汐规律而取胜的战例。

1661年4月21日，郑成功率领两万五千将士从金门岛出发，到达澎湖列岛，进入台湾攻打赤嵌城。郑成功的大军舍弃港阔水深、进出方便、岸上有重兵把守的大港水道，而选择了鹿耳门水道。鹿耳门水道水浅礁多，航道不仅狭窄且有荷军凿沉的破船堵塞，所以荷军此处设防薄弱。郑成功率领军队乘着涨潮航道变宽且深时，攻其不备，顺流迅速通过鹿耳门，在禾寮港（今台南市禾寮港街）登陆，直奔赤嵌城，一举登陆成功。

1939年，德国布置水雷，拦袭夜间进出英吉利海

潮汐的作用

▲海港

峡的英国舰船。德军根据精确计算潮流变化的大小及方向，确定锚雷的深度、方位，用漂雷战术取得较大战果。

1950年朝鲜战争初期，朝鲜人民军如风卷残石，长驱直入打到釜山一带。美国急忙纠集联合国多国部队，气势汹汹杀到朝鲜，但在选定登陆地点时犯了难。适合登陆的港口都有朝鲜人民军重兵把守，强行登陆必然代价巨大。经过慎重考虑，最终美军司令麦克阿瑟指挥美军于仁川成功登陆。原来，仁川港位于朝鲜的西海岸，离首都汉城西28千米。仁川港海面是亚洲潮差最大的，最高达9.2米，退潮时近岸淤泥滩长5000余米，登陆舰船、两栖车辆和登陆兵极易搁浅。沿岸筑有4米高的石质防波堤，构成登陆兵和两栖车辆的障碍。进入港口的船只，只有一条飞鱼峡水道，倘若有一艘舰船沉没，就堵塞了航道。岸上炮兵可将近岸的舰船、两栖车辆和登陆兵全部摧毁。朝鲜人民军认为美军不可能从仁川登陆，加之战线拉得太长，所以对仁川港疏于防守，兵力薄弱。然而，仁川港地区每年有3次最高的大潮，最高时潮差可达9.2米，其中一次就在9月15日。经过分析计算，美军于9月15日利用大潮高涨，穿过了平时原本狭窄、淤泥堆积的飞鱼峡水道和礁滩，出人意料地在仁川港登陆。朝鲜人民军因此被拦腰截断，前线后勤完全失去保障，腹背受敌，损失惨重，几乎陷入绝境。麦克阿瑟指挥的美军和联合国军，仅用1个月，几乎席卷朝鲜半岛，兵临鸭绿江边，取得空前胜利。

但这次成功的登陆范例也有败笔，美军算错了仁川港当天涨潮时刻，真正的涨潮提前到来。因此，尽管前方美军已经提前登陆成功，炮兵却按预定时间进行登陆前的轰炸，结果将已登陆的军队炸得血肉横飞，白白损失了一个营的官兵。

在减轻和预防海洋灾害方面，潮汐预报也起着至关重要的作用。风暴潮灾是沿海地区频发率最高、损失最严重的海洋灾害，多发生在每年5月到10月期间，此季节正值河流洪水季节。在大潮汛时，加之台风入侵，水位要比平时抬高许多，这是最危险的时期。因此，必须预先知道潮位高度及由台风引起的增水数值，及时采取加固堤坝，加强堤防检查等预防措施，最大限度地减轻灾害损失。

赤潮灾害也是当前严重干扰海洋资源开发与海洋经济发展的海洋灾害之一。据研究发现，潮汐是促发赤潮形成的一个重要潜在因素。因赤潮多发生在水体交换缓慢的情况下，因此，全日潮或高潮潮高差较大时，潮水的积聚作用使表层生物细胞密度高，赤潮出现的几率较多；半日潮或低潮潮差较小时，水体交换较急促，赤潮不易积聚并向外扩散，不易成灾。此外，潮汐变化特征还对海域的溶解性铁、锰含量的分布有明显的影响，而溶解性铁、锰等微量元素是赤潮补充营养所需。据研究发现，大潮期间溶解性铁、锰的含量比小潮期间明显提高，含量分布随大小潮期的交替变化而变化。因此，通过分析海域的潮汐，特别是结合当地气象预报和潮汐预报等现场实际情况，就有可能对水域的局部地区发生赤潮作出预测。

在日常生活中，潮汐预报可以帮助人们选择适当时机去观海、赶海及游泳、冲浪、垂钓等。

为使潮汐预报更好地为国民经济建设及人民生活服务，广大科技工作者付出了艰辛的努力，尤其是近30多年来，我国在潮汐分析和预报方面取得了很大进展，现已建立了294个长期验潮站，观测范围遍及整个中国海区。国家海洋信息中心的科技人员根据这些资料利用计算机技术，建立了潮汐资料和调和常数数据库以及推算预报数据模型。根据数据模型采取严格的质量控制编制出版的潮汐表分析预报范围，不仅涉及整个中国沿海，而且拓展到世界各主要港口、航线和海峡，涵盖了世界上多种潮汐类型的港口。预报形式既有高潮、低潮、潮时、潮高预报，也有需乘潮进出港及海上作业所需的每小时潮位预报信息，实现了多站多层的永久性大面积预报。如今潮汐表已成为各涉海行业和沿海地区人们生活中不可缺少的有利工具。

涨潮和退潮

到过海边的人都知道，海水有涨潮和落潮现象。涨潮时，海水上涨，波浪滚滚，景色十分壮观；退潮时，海水悄然退去，露出一片海滩。我国古书上说："大海之水，朝生为潮，夕生为汐。"那么，潮汐是怎样产生的呢？

古时候，很多贤哲都探讨过这个问题，提出过一些假想。古希腊哲学家柏拉图认为地球和人一样，也要呼吸，潮汐就是地球的呼吸。他猜想这是由于地下岩穴中的振动造成的，就像人的心脏跳动一样。

牛顿发现了万有引力定律以后，提出了潮汐是由于月球和太阳对海水的吸引力引起的假设，从而科学地解释了潮汐产生的原因：万有引力定律表明引力的大小和两个物体质量的乘积成正比，和它们之间的距离平方成反比。太阳对地球的引力比月球对地球的引力要强大得多，但太阳的引潮力却不到月球的1/2。这是怎么回事呢？原来引起海水涨落的引潮力（或称"起潮力"）虽然起因是太阳和月球的引力，但却又不是太阳和月球的

▲涨潮

绝对引力，而是被吸引物体所受到的引力和地心所受到的引力之差。引潮力和引潮天体的质量成正比，和该天体到地球的距离的立方成反比。因为太阳的质量约是月球质量的2673万倍，而日地间的平均距离是月地间平均距离的389倍，所以月球的引潮力是太阳的引潮力的2.17倍，这可从力学上证明潮汐确实主要由月球引起。打个比喻，如果某地潮水最高时有10米高，差不多7米是月球造成的，太阳的贡献只有3米，其他行星不足0.6毫米。

太阳的引潮力虽然不算太大，但能影响潮汐的大小。有时它和月球形成合力，相得益彰，有时是斥力，相互牵制抵消。在新月或满月时，太阳和月球在同一方向或正相反方向施加引力，产生高潮；但在上弦月或下弦月时，月球的引力作用对抗太阳的引力作用，产生低潮。其周期约半个月。从一年来看，也同样有高低潮两次。春分和秋分时，如果地球、月球和太阳几乎在同一平面上，这时引潮力比其他各月都大，造成一年中春、秋两次高潮。此外，潮汐与月球和太阳离地球的远近也有关系。月球的公转轨道是个椭圆形，大约每27.55天靠近地球和远离地球一次，近地潮要比远地潮大39%，当近地潮与高潮重合时，潮差特别大，若远地潮与低潮重合时，潮差就特别小。地球围绕太阳的公转轨道也是椭圆形，在近日点太阳引力大，潮汐强；远日点引力小，潮汐弱。

从一天来看，因地球自转和月球公转，潮汐波由东向西，沿周日运动的方向传播，一次潮汐涨落经历的时间是半个太阴日，即12小时25分，也就是所谓的半日潮。生活在海边上的人，每天都可以看到海水有规律地升落两次。白居易"早潮才落晚潮来，一月周流六十回"的佳句便由此而来。实际上，潮汐还会受地理环境、海岸位置、洋流运动等诸多因素的制约。以钱塘江潮为例，我们知道，钱塘江口的杭州湾呈喇叭口状，越往里越窄，加之涨潮时带进的泥沙淤积在江底形成沙坎，从而造成潮势汹涌澎湃。

月球的引潮力不仅会在地球上产生海潮，还会引起大气潮。但是大气潮远没有海潮这样惊天动地，气势磅礴。又因为我们身在其中所以是很难察觉的。除此之外，引潮力还会使地球的本体，包括地表（大陆和洋底以下各部分）产生潮汐，这种潮汐称为"固体潮"。固体潮引起地表的起伏很小，只有用精密的仪器才能测出来，对地球的引力场的影响也比较细微。地球内部有一部分是液态的，因此那里也会产生潮汐，有人认为地球内部的潮汐是诱发地震的原因之一。

力的作用是相对的，有作用力便有反作用力。月球对地球有引潮力，反过来，地球对月球同样也有引潮力。然而，由于月球上没有水，所以地球的引潮力无法在月球上"兴风作浪"，但对月球的自转起了制动作用，使月球变成一颗同步自转的卫星。

潮汐这一大自然奇观不仅是重要的旅游资源，而且对航海、渔业、盐业等都有重要的影响，同时潮汐还可以用来发电。潮汐发电与水力发电的原理相似，即把潮水涨落产生的水位差的势能转化为机械能，再把机械能转变为电能。有人计算过，世界海洋潮汐能蕴藏量大约为27亿千瓦，如全部转化成电能，每年发电量大约为1.2万亿度。潮汐能不仅无污染，而且和海浪能、风能、太阳能这些再生能源相比还有其优势。潮汐能可以不间断地发电，而海浪能、风能、太阳能在较大程度上受气候的影响。因此，如何开发和利用潮汐的巨大能量已成为当前许多国家研究的课题。2003年，第一座商用水下潮汐能发电站在挪威并网发电，5年内10万人用上了这种新能源。

一日之内，地球上除南北两极及个别地区外，各处的潮汐均有两次涨落，每次周期12小时25分，一日两次，共24小时50分，所以潮汐涨落的时间每天都要推后50分钟。由潮汐涨落而引起的水流运动即为潮流，潮流有利于海水环境的交换。

赤潮现象古代文献就曾提到过，20世纪以后由于海洋环境污染日趋严重，赤潮发生的次数也随之逐年增加。据不完全统计，全世界有40多个国家和地区频繁发生赤潮。

被喻为"红色幽灵"的赤潮（又称"红潮"，国际上通称为"有害藻华"），从科学角度看，是海洋中某些微小的微型藻、原生动物或细菌在一定的环境条件下暴发性增殖或聚集在一起，引起海水变色，影响和危害其他海洋生物正常生存的灾害性海洋生态异常现象。研究表明，赤潮不仅给水体生态环境造成危害，也给渔业资源和生产造成重大经济损失，而且还给旅游业和人类带来了危害，已成为全球性的海洋灾害之一。赤潮爆发时，因赤潮生物种类和数量的不同，海水可呈现红、黄、绿等不同颜色。国内外大量研究表明，赤潮的危害性极大。有毒赤潮生物分泌的

海洋杀手——赤潮

▲望海

▲海上的船只

毒素可直接导致海洋生物大量死亡，或者通过食物链传递造成人类食物中毒。无毒赤潮生物则因其产生的黏性分泌物堵塞鱼、贝的呼吸系统，或者由于赤潮生物大面积衰亡时消耗了水体中大量的氧气，而造成大面积的鱼、贝窒息死亡。

赤潮危害如此之大，那么赤潮又是从何而来的呢？研究表明，赤潮的主要成因来自于生物、物理和化学三方面因素，但从根本上分析，影响赤潮发生的最主要原因还是海洋水体富营养化，即海洋中营养物质如氮、磷等过剩。追根溯源，这些氮、磷来源于人类的生产生活活动制造的废水、污水和废物。工业废水中的有机物、重金属、无机盐，农业生产施用化肥、灌溉、冲刷出来的废水中的氮和磷，养殖废水中的营养盐、有机物和油，以及生活废水中大量的有机物、营养盐和磷，都源源不断地随污水流入江河，最终汇入大海，使海洋成了一个大型垃圾场。

另外赤潮的发生还同海区的气象、水文条件有关，阳光强烈、水温升高、海水停滞、海面上空气流稳定等有利于赤潮生物的集结，是赤潮出现的自然条件。有人认为，水底层出现无氧和低氧水团，也会引起赤潮的发生。赤潮的颜色是由形成赤潮占优势的浮游生物种类的颜色决定的，如最常见的夜光藻为红色，故赤潮通常呈红色。

近20年来，随着我国经济的迅猛发展和城市化进程的加快，沿海地区工农业废水和生活污水排海量不断增加，近岸水体富营养化加剧，为赤潮爆发提供了必要的物质条件。渤海就是典型的例子，其污染80%以上来自陆地。据不完全统计，目前每年由陆地排入渤海的污水总量约30亿吨，所携带的污染物约70万吨。渤海海域受污染面积也正在不断扩大，1992年，渤海受污染水域面积仅占整个海域面积的25%，而现在已超过60%。海洋的严重污染，导致了赤潮灾害的频繁发生。那么如何应对赤潮灾害呢？

目前，从国内外赤潮管理实践经验看，对大范围赤潮的防治技术还很不成熟，难以投入使用。对赤潮的发生进行控制，则需要对海洋环境污染进行大规模整治，必须要有大规模财力、物力的投入和相应的产业政策做保证，并且要经过长时期的努力才能取得明显成效。根据我国目前的国情和国力，比较切实可行的做法应是以赤潮灾害监测为基础，以减灾防灾为突破口，按照预防为主、防控治相结合的原则，通过建立、健全全国赤潮监测预警系统和赤潮灾害应急响应体系等措施，减轻赤潮灾害经济损失，保护人民群众的身体健康。

据介绍，目前建立赤潮监测预警系统可以说是"条件基本具备，还需加大投入"。经过多年努力，国家海洋局现已建立起由卫星、飞机、船舶、浮标和岸站组成的国家海洋环境监视、监测网络，培养了一支有较高技术素质，常年从事海洋环境监测和海洋灾害预报、警报业务的专业技术队伍，完善了海洋科研体系。"九五"期间对赤潮灾害卫星遥感、航空光谱测量、船舶现场调查采样、实验室贝毒检测等赤潮监测技术和灾害分析评估技术进行了研究。尽管如此，现有的监测手段在监测布点、频次、项目以及资料传输的要求上与海上赤潮监测高密度、高频率、应急性的技术要求还存在较大差距。因此，在现有海洋环境监测系统基础上对海上监测站点进行必要的调整和增加，补充必要监测能力，加大监测业务运转经费的投入，势在必行。

海底黑烟囱

在中国的神话传说中，浩瀚的海洋之下，不仅有龙王的水晶宫，还有数不清的奇珍异宝。这当然只是神话而已。但科学探测发现，在海底确实蕴藏着大量的财富，特别在几千米深的大洋底下，沉积着极其丰富的颗粒状金属结核，其中最重要的是一种锰结核种，即含有高量的锰、铁、镍、铜、钴，以及钛、钼、铅等35种金属的团块。这些含有矿物质的地热流通常从因板块堆挤而隆起的海底山脊上喷出。矿液刚喷出时为澄清溶液，与周围的冰冷海水混合后，很快产生沉淀。由于物理和化学条件的改变，含有多种金属元素的矿物在海底沉淀下来，尤其是喷溢口的周围

▲游鱼

连续沉淀，不断加高，形成了一种烟囱状的地貌，因此得名"海底黑烟囱"。

"烟囱"高低粗细各不相同，高的可以达到100多米，矮的也有几米到几十米。"烟囱"的直径因喷溢口的大小而不同，"小烟囱"的口一般只有几十厘米，"大烟囱"的口可以达到几米。喷发剧烈的喷溢口四周的沉积物也多，往往形成小丘，高度有的高达100多米。其实，在海水冲击的作用下，"烟囱"的高度很难无限升高。尤其那些长年不活动的喷溢口，"烟囱"往往经不住海水的冲击而垮塌。

科学家发现，"黑烟囱"附近通常有大规模的沉淀物堆积丘体，其中包括铁、铜、锌、铅、汞、钡、锰、银等金属硫化物矿产，甚至还有原生的自然金颗粒和天然水银。人们不禁要问：这么多金属团块是如何形成的？

近二三十年来，由于深海探测技术的进步和海洋科学的发展，美国、日本、法国等国的科学家在大洋深处发现了大量冒烟的"黑烟囱"。这些"黑烟囱"一般位于正在扩张的大洋中脊处，里面不仅可以"喷金吐银"，而且还喷射出许多微生物，并在周围形成繁荣的深海生物圈——热水生物，它们是不需要阳光并可以在无氧高温高压下生存的深海微生物。

科学家经研究认为，"黑烟囱"的形成是由于新生大洋地壳或海底裂谷地壳的温度较高，海水沿裂隙向下渗透可达几千米，在地壳深部加热升温后，淋滤并溶解岩石中多种金属元素，然后又沿着裂隙对流上升并喷发在海底。由于矿液与海水成分、温度的差异，形成浓密的黑烟（热液），这些硫化物的颗粒沉积堆积在海底及其通道内。

1967年，人们在一处海渊中发现了在热泉周围形成的海底多金属软泥，从此揭开了人类研究现代热液矿产资源的新篇章。1988年，我国科学家与德国科学家联合考察了马里亚纳海沟。他们通过海底电视看到，在水下3 700米左右的海底岩石上有枯树桩一样的东西，它们高2米，直径50厘米到70厘米不等，周边还有块状、碎片状和花朵状的东西，在这些喷溢海底热泉的出口处，沉淀堆积了许多化学物质。科学家们采集了1 000千克的岩石样品，这些岩石样品主要是黄褐色，间杂黑色、灰白色、蓝绿色。经过化学分析和鉴定，人们确认这就是海底热泉活动的残留物，叫作"烟囱"。它们大多是硫化矿物。除了大量铜、锌、锰、钴、镍外，还有金、银、铂等贵重金属。更加令人吃惊的是，在那些活动热泉附近，甚至聚集了大量的人类不曾认识的新生物物种。

"海底黑烟囱"周围广泛存在古细菌，它们极端嗜热，可直接生存于80℃～120℃的环境中。基因组测序发现，这些古细菌非常原始，处于生命树源头的位置上。科学家因此提出原始生命起源于"海底黑烟囱"周围的理论，认为地球早期的生命可能就是嗜热微生物。古老的"海底黑烟囱"可能为生命演化提供重要的科学证据。

大洋下的海底热液喷口

　　科学家在大西洋底发现了一座"失落的城市"，但它并不是传说中沉到海底的古代文明遗迹，而是由海床喷出的热水和矿物质形成的海底热液喷口，里面生活着大量生物。科学家认为，这与30亿年前地球原始生命的生活环境很相似。

　　长期以来，人们一直认为从海面越往下，海水的温度就越低，海底就是一个阴暗的冰冷世界。1948年，瑞典的一艘海洋调查船"信天翁"号在红海考察时发现，一些深海的水温要比海洋表层的水温高出很多，含盐量也很高。经过科学家们的不断探索，终于在太平洋底部发现了张开的裂谷。裂谷处的海水温度高达几百摄氏度，海底还堆积了许多块状的硫化物，有的高达几米，甚至几十米，就像一座座"黑烟囱"一样竖立在海底。从"烟囱"中冒出的滚滚热气好似

▲海潮

朵朵白云，从海底徐徐上升。这就是明显的海底热液矿床的标记。发现这种海底热液矿的存在，也只是近几十年的事情。

科学家是在研究海底山脉时偶然发现这个热液系统的。它位于水下700米处，距离中大西洋海脊15千米，处在一个名为"亚特兰蒂斯"的海床区域。亚特兰蒂斯是古希腊传说中沉没到海底的城市，因此这个新发现的海床热液喷口又被称为"失落的城市"。

海底热液活动普遍发生在大洋中活动板块边界以及板块内火山活动中心，被誉为"人类认识地球深处活动的窗口"，而海底热液活动区中类似"烟囱"的热液硫化物就格外引人关注了。它的成因是这样的:海水从地壳裂隙渗入地下，遭遇炽热的熔岩成为热液，将周围岩层中的金、银、铜、锌、铅等金属溶入其中后从地下喷出，被携带出来的金属经化学反应形成硫化物，这时再遇冰冷海水凝固沉积到附近的海底，最后不断堆积成"烟囱"。在"烟囱"的周围，生活着许多耐高温、耐高压、不怕剧毒、无需氧气的生物群落，这些生物群落有助于科研人员研究极端环境下生物的生存进化方式以及生命起源问题。

世界大洋与大海

在我们的汉字中，"洋"字本身具有"盛大""丰富"的意思，而海洋中的"洋"就是指那些四通八达、连绵不绝的广阔咸水水域。它们远离大陆，面积特别宽广，深度也特别大。

地球表面广大的海洋被大陆分割成彼此相通的4个大洋，即太平洋、大西洋、印度洋和北冰洋。在4个大洋中，北冰洋的面积最小，太平洋的面积最大，它几乎占了全球海洋面积的一半。

海按其所处位置的不同，可分为边缘海和地中海两种类型。大洋靠近大陆的部分，被岛屿和半岛分隔开，水流交换畅通的称为"边缘海"，如东海、南海、日本海等；介于大陆之间的海称为"地中海"，如地中海、加勒比海等。如果地中海伸进一个大陆内部，仅有狭窄水道与海洋相通的，又称为"内海"，如渤海、波罗的海等。主要的海共有54个之多，如地中海、加勒比海、波罗的海、红海、南海等。

最大的大洋——太平洋

太平洋是世界海洋中面积最阔、深度最大、边缘海和岛屿最多的大洋。据有关资料介绍，太平洋最早是由西班牙探险家巴斯科发现并命名的，"太平"一词即"和平"之意。"太平洋"一词最早出现于16世纪20年代，是由大航海家麦哲伦及其船队首先叫开

▲海上停泊的游船

的。

1519年9月20日，葡萄牙航海家麦哲伦率领270名水手组成的探险队从西班牙的塞维尔起航，西渡大西洋，他们要找到一条通往印度和中国的新航路。12月13日，船队到达巴西的里约热内卢湾稍作休整后，便向南进发，1520年3月到达圣朱利安港。此后，船队发生了内讧。费尽九牛二虎之力，麦哲伦镇压了西班牙船队发起的叛乱，船队继续南下。他们顶着惊涛骇浪，吃尽了苦头，到达了南美洲的南端，进入了一个海峡。这个后来以麦哲伦命名的海峡更为险恶，到处是狂风巨浪和险礁暗滩。又经过38天的艰苦奋战，船队终于到达了麦哲伦海峡的西端，然而此时船队仅剩下三条船了，队员也损失了一半。

又经过3个月的艰苦航行，船队从南美洲越过关岛，来到菲律宾群岛。这段航程再也没有遇到一次风浪，海面十分平静，原来船队已经进入赤道无风带。饱受了先前滔天巨浪之苦的船员高兴地说："这真是一个太平洋啊！"从此，人们便把美洲、亚洲、大洋洲之间的这片大洋称为"太平洋"。

太平洋南起南极地区，北到北极，西至亚洲和澳洲，东界南、北美洲，约占地球面积的三分之一，是世界上最大的大洋。南北的最大长度约15 900千米，东西最大宽度约为109 900千米。总面积17 868万平方千米，是世界海洋面积的二分之一。太平洋平均深度为4 028米 (包括所属各海时平均深度为4 282米)，最大深度为马里亚纳海沟，深达11 034米，是已知世界海洋的最深点。全世界有6条万米以上的海沟全部集中在太平洋。太平洋海水容量为70 710万立方千米，均居世界大洋之首。太平洋中蕴藏着非常丰富的资源，尤其是渔业水产和矿产资源。其渔获量以及多金属结核的储量和品位均居世界各大洋之首。太平洋地区有30多个独立国家，以及十几个分属美、英、法等国的殖民地。

太平洋有很大一部分处在热带和副热带地区，故热带和副热带气候占优势，它的气候分布、地区差异主要是由于水面洋流及邻近大陆上空的大气环流影响而产生的。气温随纬度增高而递减，南、北太平洋最冷月平均气温从回归线向极地为20℃～ –16℃，中太平洋常年保持在25℃左右。太平洋年平均降水量一般为1 000～2 000毫米，多雨区可达3 000～5 000毫米，而降水最少的地区不足100毫米。北纬40°以北、南纬40°以南常有海雾。水面气温平均为19.1℃，赤道附近最高达29℃。在靠近极圈的海面有结冰现象。太平洋上的吼啸狂风和汹涌波涛很是著名。在寒暖流交接的过渡地带和西风带内，多狂风和波涛，太平洋北部以冬季为多，南部以夏季为多，尤以南、北纬40°附近为甚。中部较平静，终年利于航行。

太平洋生长的动植物，无论是浮游植物，还是海底植物以及鱼类等动物都比其他大洋丰富。太平洋浅海渔场面积约占世界各大洋浅海渔场总面积的1/2，海洋渔获量占世界渔获量一半以上，秘鲁、日本、中国舟山群岛、美国及加拿大西北沿海都是世界著名渔场，盛产鲱、鳕、鲑、鲭、鳟、鲣、沙丁、金枪、比目等鱼类。此外，海兽（海豹、海象、海熊、海獭、鲸等）捕猎和捕蟹业也占重要地位。矿物资源上，近海大陆架的石油、天然气、煤很丰富，深海盆地有丰富的锰结核矿层（所含锰、镍、钴、铜四种矿物的金属储量比陆地上多几十倍至千倍）。此外，海底砂锡矿、金红石、锆、钛、铁及铂金砂矿储量也很丰富。

太平洋的岛屿众多，共1万多个，较大的岛屿将近3 000个，最大的岛屿是新几内亚岛，仅次于格陵兰岛，居世界第二。西部的岛屿，多是大陆岛屿，如日本列岛、加里曼丹岛和新几内亚岛等；太平洋中南部的岛，多为火山岛、珊瑚岛。世界著名的大堡礁，在澳大利亚东北部沿海，绵延长达2 000多千米，宽达200多千米，包括500多个珊瑚岛。岛上有茂密的热带森林，海水水质清澈，鱼虾潜游，航路曲折通幽，是一大旅游奇观。大洋中部的夏威夷群岛，风景优美，沙滩洁净。

太平洋在国际交通上具有重要意义。有许多条联系亚洲、大洋洲、北美洲和南美洲的重要海、空航线经过太平洋；东部的巴拿马运河和西南部的马六甲海峡，分别是通往大西洋和印度洋的捷径和世界主要航道。海运航线主要有东亚—北美西海岸航线、东亚—加勒比海、北美东海岸航线，东亚—南美西海岸航线，东亚沿海航线，东亚—澳大利亚、新西兰航线，澳大利亚、新西兰—北美东、西海岸航线等。太平洋沿岸有众多的港口。纵贯太平洋的180°经线为"国际日期变更线"，船只由西向东越过此线，日期减去一天；反之，日期便加上一天。

太平洋的第一条海底电缆是1902年由英国敷设的，1905年，美国在太平洋也敷设了海底电缆。目前，加拿大至澳大利亚，美国至菲律宾、日本及印度尼西亚，香港至菲律宾与越南，南美洲沿海各国之间都有海底电缆。近年在太平洋上空开始利用人造通讯卫星进行联系。

世界第二大洋——大西洋

大西洋得名于古希腊神话中的大力士神阿特拉斯的名字。阿特拉斯神能知道任何一个海洋的深度，并支撑石柱使天和地分开。传说大西洋是他居住的地方。最初希腊人以阿拉斯神命名非洲西北部的山地，随后扩大到直布罗陀以外的海洋。此名称在1650年为荷兰地理学家伯思哈德·瓦寺尼所引用。

大西洋面积9 336.3万平方千米，约占海洋面积的25.4%，约为太平洋面积的一半，为世界第二大洋。大西洋南接南极洲；北以挪威最北端—冰岛—格陵兰岛南端—戴维斯海峡南边—拉布拉多半岛的伯韦尔港与北冰洋分界；西南以通过南美洲南端合恩角的经线同太平洋分界；东南以通过南非厄加勒斯角的经线同印度洋分界。大西洋的轮廓略呈"S"形。

大西洋海底地形特点之一是大陆棚面积较大，主要分布在欧洲和北美洲沿岸。超过2 000米的深水域占

▲海上停泊的游船

80.2%，200~2 000米之间的水域占11.1%，大陆棚占8.7%，比太平洋、印度洋都大。其二是洋底中部有一条从冰岛到布韦岛，南北延伸15 000多千米的中大西洋海岭，在赤道地区被狭窄分水鞍所切断，一般距水面3 000米左右，有些部分突出水面，形成一系列岛屿。整条海岭蜿蜒成"S"形，把大西洋分隔成与海岭平行伸展的东西两个深水海盆。东海盆比西海盆浅，一般深度不超过6 000米；西海盆较深，深海沟大都在西海盆内。在南半球，中大西洋海岭主体向东、向西还伸出许多横的山脊支脉，如伸向非洲西南海岸的沃尔维斯海岭（鲸海岭），伸向南美洲东海岸的里奥格兰德海丘。在中大西洋海岭的南端布韦岛以南为一片水深5 000多米的地区，称"大西洋—印度洋海盆"。南桑威奇海沟深达8 428米，为南大西洋的最深点。中大西洋海岭的北端则相反，海底逐渐向上隆起，在格陵兰岛、冰岛、法罗群岛和设得兰群岛之间，海深不到600米。大西洋东部地区，特别在北半球的热带和亚热带，有许多水下浅滩。

大西洋的气候南北差异较大，东西两侧亦有差异。气温年较差不大，赤道地区不到1℃，亚热带纬区为5℃，北纬和南纬60°地区为10℃，仅大洋西北部和极南部超过25℃。大西洋北部盛行东北信风，南部盛行东南信风。温带纬区地处寒暖流交接的过渡地带和西风带，风力最大。在南北纬40°~60°之间多暴风；在北半球的热带纬区5~10月常有飓风。大西洋地区的降水量，高纬区为500~1 000毫米，中纬区大部分为1 000~1 500毫米，亚热带和热带纬区从东往西为100~1000毫米以上，赤道地区超过2 000毫米。大西洋水面气温在赤道附近平均为25℃~27℃，在南、北纬30°之间东部比西部冷，在北纬30°以北则相反。在大西洋范围内，南、北两半球夏季浮冰可分别达南、北纬40°左右。

　　大西洋海底大部分的海岭都隐没在海底3 000米以下，只有少数山脊突出洋面形成岛屿。大部分的岛屿集中在加勒比海的西北部。当年哥伦布错把北美洲当成了印度，因此给他们取了一个十分不恰当的名字"西印度群岛"。

　　大西洋航运发达，东、西分别经苏伊士运河及巴拿马运河沟通印度洋和太平洋。海轮全年均可通航，世界海港约有75%分布在这一海区。主要有欧洲和北美的北大西洋航线；欧洲、亚洲、大洋洲之间的远东航线；欧洲与墨西哥湾和加勒比海之间的中大西洋航线；欧洲与南美大西洋沿岸之间的南大西洋航线；从西欧沿非洲大西洋岸到开普敦的航线。大西洋海底电缆总长20多万千米。从爱尔兰的瓦伦西亚岛和从法国的布列塔尼半岛西北端开始通到加拿大纽芬兰岛的东南端，或一直通到加拿大新斯科舍半岛北端的线路是大西洋海底电缆的主要干线。

　　大西洋上还有两个著名的奇观。一个是世界上独一无二的马尾藻海，一个是洋面上的浮动冰山。在北美大陆的东面，有一片相当于20个英国那么大的海域。那里，海面风平浪静，到处长满了绿色和黄色的马尾藻。这些马尾藻有的长达200米，有的还不到一寸长，它们密密麻麻地挤在一起，长得非常茂盛，就像一片海上的"草原"。人们就把这片海域，叫作"马尾藻海"。在辽阔大西洋的北部和南部，时常还可以见到巨大晶莹的冰山，随着海流在大洋上漂浮。这些冰山来自格陵兰岛和南极洲，是巨大冰川崩裂后进入大西洋的。在北大西洋所见到的冰山奇形怪状，有许多呈尖状的金字塔形，体积不算太大；而南大西洋的冰山常常是桌状或台形的，体积很大，上面平坦，边缘陡峭，远远望去好像一堵水晶般的、巨大的冰墙。

温暖宜人的印度洋

谈到印度洋，我们最熟悉的大概就是那"印度洋上的花环"——马尔代夫了。那里蓝天白云、水清沙白、椰林树影，还有七彩缤纷的珊瑚、目不暇接的热带鱼群，可谓是充满了赤道活力的原始海洋。

近代正式使用"印度洋"一名是在1515年左右，当时在中欧地图学家舍纳尔编绘的地图上，把这片大洋标注为"东方的印度洋"，此处的"东方"一词是与大西洋相对而言的。1497年，葡萄牙航海家达·伽马东航寻找印度，便将沿途所经过的洋面统称之为"印度洋"。1570年，奥尔太利乌斯编绘的世界地图集中，将"东方的印度洋"一名去掉"东方的"，简化为"印度洋"。这个名字逐渐被人们接受，成为通用的称呼。

印度洋是世界的第三大洋，位于亚洲、大洋洲、非洲和南极洲之间。包括属海的面积为7 411.8万平方千米，不包括属海的面积为7 342.7万平方千米，约占

▲碧蓝天空下的海洋

世界海洋总面积的20%。包括属海的体积为28 460.8万立方千米，不包括属海的体积为28 434万立方千米。印度洋的平均深度仅次于太平洋，位居第二，包括属海的平均深度为3 839.9米，不包括属海的平均深度为3 872.4米。其北为印度、巴基斯坦和伊朗；西为阿拉伯半岛和非洲；东为澳大利亚、印度尼西亚和马来半岛；南为南极洲。

印度洋西南以通过南非厄加勒斯特的经线同大西洋分界，东南以通过塔斯马尼亚岛东南角至南极大陆的经线与太平洋联结。印度洋北部为陆地封闭，南部则以南纬60°为界，与南冰洋相连。

印度洋的主要属海和海湾是红海、阿拉伯海、亚丁湾、波斯湾、阿曼湾、孟加拉湾、安达曼海、阿拉弗拉海、帝汶海、卡奔塔利亚湾、大澳大利亚湾、莫桑比克海峡等。

印度洋有很多岛屿，其中大部分是大陆岛，如马达加斯加岛、斯里兰卡岛、安达曼群岛、尼科巴群岛、明打威群岛等。留尼汪岛、科摩罗群岛、阿姆斯特丹岛、克罗泽群岛、凯尔盖朗群岛为火山岛。拉克沙群岛、马尔代夫群岛、查戈斯群岛，以及爪哇西南的圣诞岛、科科斯群岛都是珊瑚岛。

印度洋具有明显的热带海洋性和季风性特征。印度洋大部分位于热带、亚热带范围内，南纬40°以北的广大海域，全年平均气温为15℃～28℃；赤道地带全年气温为28℃，有的海域高达30℃。比同纬度的太平洋和大西洋海域的气温高，故被称为"热带海洋"。印度洋气温的分布随纬度改变而变化。赤道地区全年平均气温约为28℃。在印度洋北部，夏季气温为25℃～27℃，冬季气温为22℃～23℃，全年平均气温25℃左右。其中阿拉伯半岛东西两侧的波斯湾和红海一带，夏季气温常达30℃以上，而索马里沿岸一带的气温最热季节一般不到25℃，前者与周围干热陆地的烘烤有关，后者是西南风吹走表层海水，使深层冷水上泛，降低气温的结果。

印度洋的降水量以赤道带最丰富，年降水量2 000～3 000毫米，降水季节分配比较均匀：印度洋北部，一般年降水量2 000毫米左右，2/3的降水集中在西南风盛行的夏季，而东北风盛行的冬季，降水量较少，是热带季风分布区。红海海面和阿拉伯海西部，全年降水都很少，年降水量100～200毫米，为热带荒漠气候区。南印度洋的广大海域，全年降水一般在1 000毫米左右。

印度洋的航运业虽不如大西洋和太平洋发达，但由于中东地区盛产的石油通过印度洋航线源源不断向外输出，因而印度洋航线在世界上占有重要的地位。印度洋上运输石油的航线有两条：一条是出波斯湾向西，绕过南非的好望角或者通过红海、苏伊士运河，到达欧洲和美国。这是世界上最重要的石油运输线。另一条是出波斯湾向东，穿过马六甲海峡或龙目海峡到日本和东亚其他国家。霍尔木兹海峡在印度洋航线上占有重要地位，波斯湾地区出口石油总量的90%从此海峡运出，因而霍尔木兹海峡被称为"石油海峡"。苏伊士运河经马六甲海峡的航线，是印度洋东西间一条最重要的航道，运输量巨大，它将西欧、地中海沿岸各国的经济与远东及北美洲西海岸各国的经济紧密地联系起来。

▲波涛拍岸

海冰覆盖着的北冰洋

北冰洋在地球的最北端，那里是个非常寒冷的地方。冬季最低气温曾到过-52℃，最热月的气温一般不超过6℃，全年绝大部分时间气温都在0℃以下。在这种气候十分严寒的地方是不下雨的，落在大洋中和岛屿上的是一些亮晶晶的小冰粒。严寒使得北冰洋成了一片银白色的冰雪世界。洋面上覆盖着一层厚厚的冰盖，最厚之处有30米，一般也有两三米厚。所以，人们说北冰洋是地球上的一个"冷气库"，也是一个巨大的"天然冰窖"。

北冰洋是地球上四大洋中最小最浅的洋。北冰洋大致以北极圈为中心，位于地球的最北端，被欧洲大陆和北美大陆环抱着，有狭窄的白令海峡与太平洋相通，通过格陵兰海和许多海峡与大西洋相连。北冰洋是世界大洋中最小的一个，面积为1 310万平方千米，约相当于太平洋面积的1/14，约占世界海洋总面积的4.1%。古希腊曾把它叫作"正对大熊星座的海洋"。1650年，荷兰探险家W.巴伦支把它划为独立大洋，称之为"大北洋"。

▲海底生物

1845年，英国伦敦地理学会为之命名，经汉语翻译为"北冰洋"。

北冰洋被陆地包围，近于半封闭。通过挪威海、格陵兰海和巴芬湾同大西洋连接，并以狭窄的白令海峡沟通太平洋。在亚洲与北美洲之间有白令海峡通太平洋，在欧洲与北美洲之间以冰岛—法罗海槛和威维亚·汤姆逊海岭与大西洋分界，有丹麦海峡及北美洲东北部的史密斯海峡与大西洋相通。北冰洋的平均深度约1 200米，南森海盆最深处达5 449米，是北冰洋最深点。

根据自然地理特点，北冰洋分为北极海区和北欧海区两部分。北冰洋主体部分、喀拉海、拉普捷夫海、东西伯利亚海、楚科奇海、波弗特海及加拿大北极群岛各海峡属北极海区；格陵兰海、挪威海、巴伦支海和白海属北欧海区。

北极地区北极圈以北的地区称"北极地方"或"北极地区"，包括北冰洋沿岸亚、欧、北美三洲大陆北部及北冰洋中许多岛屿。北冰洋周围的国家和地区有俄罗斯、挪威、冰岛、格陵兰（丹麦）、加拿大和美国。北极地区有几十个不同的民族，其中因纽特人分布最广。

北冰洋气候寒冷，洋面大部分常年结冰。北极海区最冷月平均气温可达-40℃～-20℃，暖季多在8℃以下；年降水量仅75～200毫米，格陵兰海可达500毫米；寒季常有猛烈的暴风。北欧海区受北大西洋暖流影响，水温、气温较高，降水较多，冰情较轻；暖季多海雾，有些月份每天有雾，甚至连续几昼夜。北极海区，从水面到水深100～225米的水温为-1℃～1.7℃，在滨海地带水温全年变动很大，从-1.5℃～8℃；而北欧海区，水面温度全年在2℃～12℃之间。此外，在北冰洋水深100～250米到600～900米处，有来自北大西洋暖流的中温水层，水温为0℃～1℃。

由于气候严寒、冰层覆盖，对北冰洋调查的规模都较小，直到20世纪30年代以后才陆续在冰上建立漂浮科学站，开展一些较为系统的考察。1937年，前苏联用冰上飞机在北极登陆并在北冰洋建立了北极1号漂浮科学站。20世纪40年代，美国、加拿大等国从空中进行过20次极冰登陆，并建成8个海洋站和1个科学考察站。国际地球物理年(1957—1958)期间，除飞行活动外，还增加了许多连续观测的漂浮站，并用核动力潜艇考察了冰盖下面的情况。

北冰洋陆棚发达，最宽处达1 200千米以上。中央横亘罗蒙诺索夫海岭，从亚洲新西伯利亚群岛横穿北极直抵北美洲格陵兰岛北岸，峰顶一般距水面1 000～200米，个别峰顶距水面仅900多米，有剧烈的火山和地震活动，它把北极海区分成加拿大海盆、马卡罗夫海盆（门捷列夫海岭将该海盆分隔为加拿大和马卡罗夫两个海盆）和南森海盆。海盆深度均在4 000～5 000米之间。北冰洋中部还有许多海丘和洼地。格陵兰岛和斯瓦尔巴群岛之间有一带东西向海底高地，是北极海区与北欧海区的分界。北欧海区东北部为大陆架，西南部为深水区，以格陵兰海最深，达5 500多米。

北冰洋系亚、欧、北美三大洲的顶点，有联系三大洲的最短大弧航线，地理位置很重要。目前，北冰洋沿岸有固定的航空线和航海线，主要有从摩尔曼斯克到符拉迪沃斯托克（海参崴）的北冰洋航海线和从摩尔曼斯克直达斯瓦尔巴群岛、雷克雅未克和伦敦的航线。

在北极点附近，每年近六个月是无昼的黑夜（当年10月到次年3月），这时高空有光彩夺目的极光出现，一般呈带状、弧状、幕状或放射状，北纬70°附近常见。其余半年是无夜的白昼。当极夜来临的时候，也并不完全是一幅可怕的寒冷和漆黑的景象，美丽的极光能给暗淡的天空增加绚丽的色彩。极光的色彩和图像变幻无穷，有时候像闪电划过长空，有时候又像五彩缤纷的礼花在天空中经久不灭。

北冰洋虽是一个冰天雪地的世界，气候严寒，还有漫长的极夜，不利于动植物的生长，但它并不像人们想象那样是寸草不长，生物绝迹的不毛之地。当然比起其他几大洋来，生物的种类和数量是比较贫乏的。

北冰洋的周围有着亚、欧、北美陆地延伸到北冰洋的宽阔的大陆架。大陆架的面积占全部洋面的三分之一以上，最宽的地方有1 300多千米。北冰洋大陆架上有丰富的资源等待人们去开发。

红海，它的名字的来源可能是由于季节性出现的红色藻类、附近的红色山脉，以及红海两岸岩石的色泽，也可能是红海海面上常有来自陆地沙漠的风，送来一股股炎热的气流和红黄色的尘雾，使天色变暗，呈现一种暗红色。

红海位于非洲和阿拉伯半岛之间，全长1 932千米，最宽处 306千米，面积45万平方千米。平均深度为558米，最深处3 050米。红海的西北端经苏伊士运河与地中海沟通，东南端经曼德海峡与亚丁湾及印度洋相连。

红海的水下两侧有宽阔的大陆架，海底像一个大的刻槽，深深地嵌进两侧的大陆架之中。在主海槽槽底的中部又裂开为一个更深的轴海槽。这样，红海的海底就形成了槽中有槽的海底地貌形态。槽底非常崎岖不平，在轴海槽中有着无数的裂谷、缝隙、管道和坑穴。它相当狭窄，最宽处约为24千米，一般仅有几千米宽。但是，它的深度很大，最深处达3 050米。轴海槽和主海槽差不多和红海一样长，但在红海北端的西奈半岛附近，它们又分叉成为苏伊士湾和喀巴湾，槽中有槽的地貌形态就不那么明显了。

科学家们进一步研究认为，在距今约4 000万年前，地球上根本没有红海，后来在今天非洲和阿拉伯两个大陆隆起部分轴部的岩石基底，发生了地壳张裂。当时有一部分海水乘机进入，使裂缝处成为一个封闭的浅海。在大陆裂谷形成的同时，海底发生扩张，熔岩上涌到地表，不断产生新的海洋地壳，古老的大陆岩石基底则被逐渐推向两侧。后来，由于强烈的

年轻的大海——红海

133

蒸发作用，这里的海水又慢慢地干涸了，巨厚的蒸发岩被沉积下来，形成了现在红海的主海槽。

到了距今约300万年时，红海的沉积环境突然发生改变，海水再次进入红海。红海海底沿主海槽轴部裂开，形成轴海槽，并沿着轴海槽发生缓慢的海底扩张。根据红海海底最年轻的海洋地壳带推算，这一时期红海海底的平均扩张速度为每年1厘米左右。由于红海不断扩张，它东西两侧的非洲和阿拉伯大陆也在缓慢分离。

通过对红海成因的研究，科学家们又联想到大西洋的成因。今日辽阔的大西洋在2亿年前，也是一个狭长的水带，它周围的大陆像今天的红海一样，也是靠得很近的。由于漫长的地质时期的海底扩张作用，大西洋形成了今天的面貌。而且，类似于红海的海底蒸发岩沉积，在大西洋西岸南美洲的巴西海域和东岸西非洲的海域下也有埋藏。此外，在红海轴海槽中的一些小海盆中富集的重金属矿物，在大西洋西岸美国东部海岸中也有所发现。

红海的海滩是大自然精美的馈赠。清澈碧蓝的海水下面，生长着五颜六色的珊瑚和稀有的海洋生物。远处层峦叠嶂，连绵的山峦与海岸遥相呼应，之间是适宜露营的宽阔平原，这些鬼斧神工的自然景观和冬夏非常宜人的气候共同组成了美轮美奂的风景画，让游人陶醉于人间天堂之中。红海海底有着各种奇异的海洋生物，地毯般的珊瑚礁和珍稀的鱼儿正等待着你去发现它们的秘密。正如著名的潜水摄影师大卫·杜比勒所描绘的，"在红海海底，每日每夜都非常热闹，珊瑚礁都在魔术般地默默地有节奏地跳着舞蹈……"

今天的红海可能是一个正处于萌芽时期的海洋，一个正在积极扩张的海洋。1978年，在红海阿发尔地区发生的一次火山爆发，使红海南端在短时间内加宽了120厘米，就是一个很好的例证。如果按目前平均每年1厘米的速度扩张的话，再过几亿年，红海就可能发展成为像今天大西洋一样浩瀚的大洋。据测量，红海在不停地扩张，有人预言，几千万年后，红海将成为新的大洋。

世界唯一的双层海——黑海

黑海，欧洲东南部和亚洲小亚细亚半岛之间的内海，是世界上最大的内陆海，因水色深暗、多风暴而得名。黑海向西通过博斯普鲁斯海峡、马尔马拉海、达达尼尔海峡与地中海相通，向北经刻赤海峡与亚速海相连。黑海形似椭圆形，面积约461 000平方千米，东西最长1 150千米，南北最宽611千米，中部最窄263千米，面积42.2万平方千米，海岸线长约3 400千米。平均水深1 315米，最大水深2 210米。北岸为乌克兰，东北岸为俄罗斯，格鲁吉亚在其东岸，土耳其在南岸，保加利亚、罗马尼亚和摩尔多瓦在其西岸。

黑海海岸很少低地，大部分低地都在北岸。注入黑海的大河流有多瑙河、聂伯河、聂斯特河和顿河。黑海原是古地中海的残留海盆。目前的形状可能出现于5 800万年前。当时在古安纳托利亚的地壳上升，使

▲海底游鱼

海盆地从地中海分裂开，新形成的黑海盆地逐渐与大洋分隔，其含盐量下降。黑海海水含盐量几乎只有世界各大洋海水含盐量的一半。

黑海是地球上唯一的双层海。黑海是一个面积大并缺氧的海洋系统。在这个严重缺氧的环境中只有厌氧微生物可以生存。它们通过新陈代谢释放二氧化碳和有毒的硫化氢。其他生物实际上只能生存在200米深度以上的水里。黑海上层的水面产大量鲟鱼、鲭鱼和鳀鱼。到20世纪后期，由多瑙河、聂伯河和其他注入黑海的河水中带来的工业和城市废物，使海水的污染层增加，海中的鱼类减少。

黑海在航运、贸易和战略上具有重要地位，是联系乌克兰、保加利亚、罗马尼亚、格鲁吉亚、俄罗斯西南部与世界市场的航运要道。北部沿岸，尤其是克里米亚半岛，是东欧人的度假、疗养胜地。

黑海是古地中海的一个残留海盆，在古新世末期小亚细亚半岛发生构造隆起时与地中海开始分开，并逐渐与外海隔离形成内海。随着地壳运动和历次冰期变化，黑海与地中海间经历了多次隔绝和连接的过程，与地中海的相连状态是在6 000年前到8 000年前的末次冰期结束后冰川融化而形成的。黑海大陆架一般2.5～15千米，只西北部较宽，达200千米以上，少岛屿、海湾。海底地形从四周向中部倾斜，中部是深海盘，水深2 000米以上，约占总面积的1/3。

黑海地区年降水量600～800毫米，同时汇集了欧洲一些较大河流的径流量，年平均入海水量达355立方千米（其中多瑙河占60%），这些淡水量总和远多于海面蒸发量，淡化了表层海水的含盐量，使平均盐度只有12‰～22‰。黑海表层盐度较小，在上下水层间形成密度飞跃层，严重阻碍了上下水层的交换，使深层海水严重缺氧。据观测，在220米以下水层中已无氧存在。在缺氧和有机质存在的情况下，经过特种细菌的作用，海水中的硫酸盐产生分解而形成硫化氢等，而硫化氢对鱼类有毒害，因而黑海除边缘浅海区和海水上层有一些海生动植物外，深海区和海底几乎是一个死寂的世界。而硫化氢呈黑色，致使深层海水也呈现黑色。黑海淡水的收入量大于海水的蒸发量，使黑海海面高于地中海海面，盐度较小的黑海海水便从海峡表层流向地中海，地中海中盐度较大的海水从海峡下层流入黑海。由于海峡较浅，阻碍了流入黑海的水量，使流入黑海的水量小于从黑海流出的水量，维持着黑海水量的动态平衡。

黑海的含盐度较低，但是在有些水深155～310米的海域里生物几乎绝迹，鱼儿都不敢游到那里去，简直成为了一片死区，是什么原因使得黑海变成了一个死气沉沉的大海呢？

专家通过抽样调查发现，那里的海洋生物难以生存是因为海水受到硫化氢的污染而缺乏氧气，而黑海在和地中海对流中，把自己的较淡的海水通过表层输给了"邻居"，换得的却是从深层流入的又咸又重的水流。加上黑海海水的流速慢，上下层对流差，长年被污染的海域自然要成为"死区"了。

▲西沙石岛碑

世界最大陆间海——地中海

地中海被北面的欧洲大陆、南面的非洲大陆和东面的亚洲大陆包围着。东西共长约4 000千米，面积约为2 512 000平方千米，是世界最大的陆间海。以亚平宁半岛、西西里岛和突尼斯海峡为界，分东、西两部分。平均深度1 450米，最深处5 092米。盐度较高，最高达39.5‰。地中海有记录的最深点是希腊南面的爱奥尼亚海盆，为海平面下5600米。地中海是世界上最古老的海，历史比大西洋还要古老。

地中海西部通过直布罗陀海峡与大西洋相接，东部通过土耳其海峡和黑海相连。西端通过直布罗陀海峡与大西洋沟通，最窄处仅13千米。航道相对较浅。东北部以达达尼尔海峡、马尔马拉海、博斯普鲁斯海峡连接黑海。东南部经19世纪时开通的苏伊士运河与

▲辽阔的海洋

红海沟通。地中海处在欧亚板块和非洲板块交界处，是世界最强地震带之一。地中海地区有维苏威火山、埃特纳火山。

地中海的沿岸夏季炎热干燥、冬季温暖湿润，被称作"地中海性气候"。植被叶质坚硬，叶面有蜡质，根系深，有适应夏季干热气候的耐旱特征，属亚热带常绿硬叶林。这里光热充足，是欧洲主要的亚热带水果产区，盛产柑橘、无花果和葡萄，还有木本油料作物油橄榄。

因古代人仅知此海位于三大洲之间，故称之为"地中海"。公元7世纪，西班牙作家伊希尔首次将地中海作为地理名称。地中海作为陆间海比较平静，加之沿岸海岸线曲折、岛屿众多，拥有许多天然良好的港口，成为沟通三个大陆的交通要道。这样的条件，使地中海从古代开始海上贸易就很繁盛，还曾对古埃及文明、古巴比伦文明、古希腊文明的兴起与更替起过重要作用，成为古代古埃及文明、古希腊文明、罗马帝国等的摇篮。著名的航海家如哥伦布、达·伽马、麦哲伦等，都出自地中海沿岸的国家。

地中海气候表现为夏季干热少雨，冬季温暖湿润，这种气候使得周围河流冬季涨满雨水，夏季干旱枯竭。地中海气候的特点是：冬季受西风带控制，锋面气旋活动频繁，气候温和，最冷月均温在4℃~10℃之间，降水量丰沛。夏季在副热带高压控制下，气流下沉，气候炎热干燥，云量稀少，阳光充足。全年降水量300~1 000毫米，冬半年约占60%~70%，夏半年只有30%~40%。冬雨夏干的气候特征，在世界各种气候类型中，可谓独树一帜。

地中海气候的成因主要是冬季受西风带控制，锋面气旋活动频繁；夏季受副热带高压带控制，气流下沉。在世界十多种气候类型中，全年受气压带、风带交替控制的气候类型中，除地中海气候外，还有热带草原气候（赤道低压带与信风带交替控制）和热带沙漠气候（信风带与副热带高压带交替控制）。全年受西风带控制的气候是温带海洋性气候。地中海气候主要分布于南北纬30°～40°之间的大陆西岸。地中海气候是唯一的除南极洲以外，世界各大洲都有的气候类型。地中海气候的分布地区中，以地中海沿岸最为明显。其他地区如北美洲的加利福尼亚沿海、南美洲的智利中部、非洲南端的好望角地区和澳大利亚西南及东南沿海等。其分布区大多经济比较发达，也是世界热点地区。

地中海在结构上是较为年轻的盆地，其大陆棚相对较浅。最宽的大陆棚位于突尼斯东海岸加贝斯湾，长275千米，亚得里亚海海床的大部分亦为大陆棚。地中海海底是石灰、泥和沙构成的沉积物，以下为蓝泥。海岸一般陡峭多岩，呈很深的锯齿状。隆河、波河和尼罗河构成了地中海中仅有的几个大三角洲。大西洋表层水的不断注入是地中海海水的主要补充来源，其海水循环的最稳定组成部分为沿北非海岸经直布罗陀海峡注入的海流。

西西里岛与非洲大陆之间有一海岭将地中海分为东西两个部分。地中海中的大岛屿有马略卡岛、科西嘉岛、萨丁尼亚岛、西西里岛、克里特岛、塞浦路斯岛和罗得岛。海域中的南欧三大半岛及西西里岛、撒丁岛、科西嘉岛等岛屿，将地中海分成若干个小海区：利古利亚海、伊奥尼亚海、爱琴海等。东地中海要比西地中海大得多，海底地形崎岖不平，深浅悬殊，最浅处只有几十米，最深处可达4 000米以上。尽管有诸多的河流注入地中海，但由于它处在副热带，蒸发量大，远远超过了河水和雨水的补给，使地中海的水收入不如支出多，要是没有大西洋源源不断地供水，大约在300年后，地中海就会干涸。

被误解的咸水湖——死海

死海是怎样形成的呢？请先听一个古老的传说吧。远古时候，这儿原来是一片大陆。村里男子们有一种恶习，先知鲁特劝他们改邪归正，但他们拒绝悔改。上帝决定惩罚他们，便暗中谕告鲁特，叫他携带家眷在某年某月某日离开村庄，并且告诫他离开村庄以后，不管身后发生多么重大的事故，都不准回过头去看。鲁特按照规定的时间离开了村庄，走了没多远，他的妻子因为好奇，偷偷地回过头去望了一眼。哎哟，转瞬之间，好端端的村庄塌陷了，出现在她眼前的是一片汪洋大海，这就是死海。她因为违背上帝的告诫，立即变成了石人。不管经过多少世纪的风雨，她都立在死海附近的山坡上，扭着头日日夜夜望着死海。上帝惩罚那些执迷不悟的人们：让他们既没有水喝，也没有水种庄稼。

▲海岸

这当然是神话，是人们无法认识死海形成过程的一种猜测。其实，死海是一个位于西南亚的著名咸水湖，它的形成是自然界变化的结果。死海地处约旦和巴勒斯坦之间南北走向的大裂谷的中段，它的南北长75千米，东西宽5至16千米，海水平均深度146米，最深的地方大约有400米。死海的源头主要是约旦河，河水含有很多的矿物质。河水流入死海，不断蒸发，矿物质沉淀下来，经年累月，越积越多，便形成了今天世界上最咸的咸水湖——死海。所以说，死海是一个大盐库。据估计，死海的总含盐量约有130亿吨。

据说死海冬无冰冻，夏季又非常炎热，因温度高、蒸发强烈、含盐度高，水中只有细菌和绿藻而没有其他生物；鱼儿和其他水生物都难以生存，岸边及周围地区也没有花草生长，故人们称其为"死海"。但近年来科学家们发现，死海湖底的沉积物中仍有绿藻和细菌存在。

死海水含盐量极高，且越到湖底越高，一般海水含盐量为35‰，死海的含盐量达230‰～250‰。在表层水中，每升海水的盐分就达227～275克。最深处有湖水已经化石化。死海地区的气温太高，致使从约旦河流入死海的几乎所有的水（每天40～65亿升）都干涸了，留下了更多的盐。由于盐水浓度高，游泳者很容易浮起来。湖水呈深蓝色，非常平静，把一只手臂放入水中，另一只手臂或腿便会浮起。如果要将自己浸入水中，则应将背逐渐倾斜，直到处于平躺状态。

死海水中含有很多矿物质，水分不断蒸发，矿物质沉淀下来，经年累月而成为今天最咸的咸水湖。人类对大自然奇迹的认识经历了漫长的过程，最后依靠科学才揭开了大自然的秘密。死海的形成，是由于流入死海的河水不断蒸发，矿物质大量下沉的自然条件造成的。

那么，为什么会造成这种情况呢？原因主要有两条：其一，死海一带气温很高，夏季平均可达34C°，最高达51C°，冬季也有14℃～17℃。气温越高，蒸发量就越大。其二，这里干燥少雨，年均降雨量只有50毫米，而蒸发量是1 400毫米左右。晴天多，日照强，雨水少，补充的水量微乎其微，死海变得越来越"稠"，沉淀在湖底的矿物质越来越多，咸度越来越大。于是，便渐渐成为世界上最咸的咸水湖。死海是内流湖，水的唯一外流就是蒸发作用，而约旦河是唯一注入死海的河流，水位依赖于流入的水是否与蒸发的外流相平衡，但近年来因约旦和以色列向约旦河取水供应灌溉及生活用途，死海水位受到严重的威胁。

那么死海真的就没有生物存在了吗？美国和以色列的科学家通过研究终于揭开了这个谜底：就在这种最咸的水中，仍有几种细菌和一种海藻生存其间。原来，死海中有一种叫作"盒状嗜盐细菌"的微生物，具有防止盐侵害的独特蛋白质，即嗜盐细菌蛋白。众所周知，通常蛋白质必须置于溶液中，若离开溶液就要沉淀，形成机能失调的沉淀物。因此，高浓度的盐分，可对多数蛋白质产生脱水效应。而盒状嗜盐细菌具有的这种蛋白质，在高浓度盐分的情况下，不会脱水，能够继续生存。

嗜盐细菌蛋白又叫"铁氧化还原蛋白"。美国生物学家梅纳切姆·肖哈姆和几位以色列学者一起，运用X射线晶体学原理，找出了盒状嗜盐细菌的分子结构。这种特殊蛋白呈咖啡杯状，其"柄"上所含带负电的氨基酸结构单元，对一端带正电而另一端带负电的水分子具有特殊的吸引力。所以，能够从盐分很高的死海海水中夺走水分子，使蛋白质依然留存在溶液里，这样，死海有生物的存在就不足为奇了。

参加这项研究的几位科学家认为，揭开死海有生物存在之谜具有很重要的意义。在未来，类似氨基酸的程序，有朝一日移植给不耐盐的蛋白质后，就可使不耐盐的其他蛋白质在缺乏淡水的条件下，在海水中也能继续存在，因此这种工艺可望有广阔的前景。

死海虽让大部分动植物在那里无法生存，但对人类的"照顾"却是无微不至的，因为它可以使不会游泳的人在海中游泳。任何人掉入死海，都会被海水的浮力托住，这是因为死海中的水的比重是1.17~1.227，而人体的比重只有1.02~1.097，水的比重超过了人体的比重，所以人就不会沉下去。死海的海水不但含盐量高，而且富含矿物质，常在海水中浸泡，可以治疗关节炎等慢性疾病。因此，死海海底的黑泥含有丰富的矿物质，成为市场上抢手的护肤美容品。

以色列在死海边开设了几十家美容疗养院。富含矿物质的死海黑泥，由于健身美容的特殊功效，使它成为以色列和约旦两国宝贵的出口产品。死海是世界上最早的疗养胜地(从希律王时期开始)，湖中大量的矿物质含量具有一定安抚、镇痛的效果。

如今，死海每年都吸引成千上万的游客来此休假疗养。